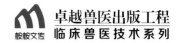
卓越兽医出版工程
临床兽医技术系列

Small Animal Pathology
for Veterinary Technicians

小 动 物 病 理 学

（美）艾米·约翰逊（Amy Johnson）　编著

孙玉祝　王姜维　主译

北方联合出版传媒（集团）股份有限公司

辽宁科学技术出版社

沈 阳

Small Animal Pathology for Veterinary Technicians by Amy Johnson

ISBN-13: 978-1-1184-3421-5

Copyright © 2014 by John Wiley & Sons, Inc.

图书在版编目（CIP）数据

小动物病理学 /（美）艾米·约翰逊（Amy Johnson）编著；孙玉祝，王姜维主译. —沈阳：辽宁科学技术出版社，2022.5

ISBN 978-7-5591-2069-4

Ⅰ.①小… Ⅱ.①艾… ②孙… ③王… Ⅲ.①犬病—病理学 ②猫病—病理学 Ⅳ.①S858.292 ②S858.293

中国版本图书馆CIP数据核字（2021）第096644号

出版发行：辽宁科学技术出版社
　　　　　（地址：沈阳市和平区十一纬路25号　邮编：110003）
印 刷 者：北京顶佳世纪印刷有限公司
经 销 者：各地新华书店
幅面尺寸：185mm×260mm
印　　张：13.5
插　　页：4
字　　数：196千字
出版时间：2022年5月第1版
印刷时间：2022年5月第1次印刷
责任编辑：陈广鹏
封面设计：袁　舒
版式设计：袁　舒
特邀编辑：任晓曼　于千会
责任校对：赵淑新

书　　号：ISBN 978-7-5591-2069-4
定　　价：218.00元

联系电话：024-23280036
邮购热线：024-23284502
http://www.lnkj.com.cn

译者委员会

主　译

孙玉祝　王姜维

参译校对人员（排名不分先后）

施　尧　马　威　杨紫嫣　罗丽萍

黎　艳　黄丽卿　葛冰倩　唐国梁

关于配套网站

本书附有配套网站：

www.wiley.com/go/johnsonvettechpath

通过关注封底公众号"好兽医学苑"，回复"附带资源"获取

网站包括：

- 书中图片资料的PPT
- 复习问题和答案
- 用于阐明临床病例处理过程的案例

译者序

古语云："知其然，知其所以然"，病理学恰恰是让兽医工作者了解小动物疾病"所以然"的一门知识。只有更好地了解和掌握病理学，才能将疾病的病因、病程、治疗反应以及最终转归做到了然于胸，才能更好地有的放矢，做到遇事不慌。

兽医技术人员是兽医团队的重要成员，也是未来兽医师的储备力量。兽医技术人员承担着兽医的"眼睛"和"双手"职能，他们为兽医师获取诊疗信息提供支持，让兽医师可以更好地全时段、全方位地掌控患病动物的情况；同时，他们也躬身执行着兽医师下达的有关疾病诊断和管理的决策，是整个诊疗过程中非常重要的一环。

兽医技术人员掌握更多的病理学知识不仅有利于对临床病例的安全管理，也有助于个人将来的职业发展，实现向兽医师的蜕变。

《小动物病理学》内容浅显易懂，对兽医技术人员来说是个不错的开始。

孙玉祝

2021年4月于北京

致谢

感谢我的家人和朋友，他们在我编写本书的整个过程中容忍了我的缺席，支持我的一切努力，不管这些努力听起来有多疯狂。

感谢Keith和Cooper。

感谢现在陪伴着我的动物，在我做这个项目的时候为我温暖双脚。

感谢我曾经的动物们，它们激发了我对更多知识的渴求，并成为这个项目的案例分析或图片的一部分。

感谢每一个帮助我的人，当我向他们讨要照片时，他们给了我很多选择。

我的学生们激励着我，相信我为他们所做的一切。

还有我的好朋友Michelle，她花了大量时间帮我编辑，因为她不想让我的作品看起来很糟糕。如果没有她的帮助，我不可能做得那么好。

目录

第1章　概　述

兽医技术人员与病理学

对兽医技术人员而言，虽然某些工作内容不被法律规定所允许，包括作出诊断、判断预后、开具处方、初步治疗或执行手术。但不能仅因为技术人员无法作出诊断，就将其置于诊断团队之外。对病理学的理解和认知也是兽医技术人员重要的工作内容，不容忽视。

> 技术要点 1.1：兽医技术人员在诊断团队中扮演着不容忽视的角色。

为什么兽医技术人员需要掌握病理学知识？这个问题的答案很多：

- 客户教育通常是兽医技术人员的工作任务之一。兽医技术人员会通过面谈或电话告知客户如何护理他们的宠物。
- 对疾病的理解非常重要，可以预防病原在患病动物之间的传播。兽医技术人员的职责是尽其所能使动物保持健康。
- 作为兽医技术人员，需要了解如何适当地护理患病动物。对疾病病程的理解有助于更好地护理动物。

- 对病理学的了解将有助于保护客户、同事和自己，避免感染人畜共患病。
- 了解疾病的病程，技术人员能够预见兽医师的需求，推进动物的护理进程。

兽医技术人员的职责和必需技能

兽医技术人员的职责包括动物护理、客户教育、实验室诊断、辅助兽医和治疗方案执行。值得注意的是，不同的兽医/诊所/医院对技术人员的职责有不同的理解，因此，技术人员对自己角色的认知非常重要。

处理患病动物的必需技能包括：

- 客户教育和沟通技巧。
  - 通过电话或当面和客户沟通的能力。
  - 在引导客户时，能够清楚地和客户交流，使用恰当、易懂的术语解答客户的问题。
  - 及时将动物的治疗和处置情况告知动物主人的能力。
  - 向客户解释发票/估价，让客户理解诊疗流程和收费对他们宠物治疗必要性的能力。
  - 为患病动物办理出院，告知动物主人如何继续护理他们的宠物。
  - 能够培训动物主人，教会他们如何在家中给药和对动物进行治疗的能力。

- 实验室诊断和其他诊断技能。
  - 正确地收集样本的能力，包括尿液、排泄物、血液和组织。
  - 正确地向参考实验室包装和寄送样本的能力。
  - 正确地进行全血细胞计数（CBC，complete blood count）和其他基础血液学操作的能力。
  - 操作血液生化分析仪，进行酶联免疫吸附试验（ELISA，enzyme linked immunosorbent assays）的能力。
  - 采集细胞学样本，制作并观察涂片。
  - 采集细菌学样本，进行细菌培养和药敏试验，解读试验结果。
  - 设置、拍摄并处理X线片，并确保参与人员和动物的安全。
  - 在进行超声（US，ultrasound）、磁共振成像（MRI，magnetic resonance imaging）和计算机断层（CT，computed tomography）扫描等影像学检查时，准备和保定患病动物的能力。
  - 在内镜检查时准备并保定患病动物、设定和清洁仪器设备的能力。
  - 在其他特殊诊断过程中准备患病动物和仪器设备的能力。
- 治疗技术。
  - 在头静脉、隐静脉和颈静脉放置留置针的能力。
  - 准备输液袋和药物的能力。
  - 计算患病动物液体流速的能力。
  - 注射、经口和局部给药的能力。
  - 隔离传染物，防止传染性疾病进一步传播。
  - 使患病动物感到舒适并处于干净的环境中。
  - 维护患病动物的利益，并将患病动物的利益放在首位。
- 其他技能。

- 进行药物剂量换算和其他重要的兽医学计算的技能。
- 能够诱导患病动物进行手术，维持和监测麻醉，为手术准备动物，并协助兽医进行手术。
- 消毒设备、准备手术包并保持无菌。
- 在检查和处置时保定动物，确保动物和人员的安全。
- 能够把动物抬到检查台上，放入笼子或从笼子中取出，并在患病动物不能行走时辅助行走。
- 执行安乐死或在此过程中辅助的能力。
- 书写病例记录和医院日志。
- 记录和追踪管制物品。
- 分诊和处理多个动物的能力。

其他额外的技能和职责将在特定的病理章节中加以讨论，并使用"兽医技术人员职责"方框加以强调。

诊断

"诊断"的字面意思是"一种完全知道的状态"，用于标注动物所患的疾病。诊断的类型包括：

- 初步诊断：识别出可能的病因。
- 确诊：识别出确切的病因；包含诊断性检测。
- 鉴别诊断：列出患病动物可能罹患的疾病。检查有助于排除疾病并缩小诊断的范围。

诊断涉及哪些内容？兽医技术人员在其中扮演何种角色？只有少数患病动物会表现出特异性的临床症状，让兽医可以立即知道动物所患的疾病。因此，实现诊断需要一个过程。首先需要病史调查和体格检查，列出可能的疾病清单，进行鉴别诊断。诊断性检测或影像检查可以帮助排除一些疾病。技术人员在这个过程中扮演着关键角色，而诊断过程也并未就此终止。一旦兽医开始治疗，技术人员将提供治疗支持。此外，整个住院过程中都需要客户沟通，在动物出院后也需要更多的客户教育。这意味着兽医技术人员在整个过程中的作用非常重要。

免疫

免疫是机体对抗疾病的能力，可分为以下几类：

非特异性免疫/抵抗力是一般性保护，不会针对特定病原体发生的反应。第一道防线是由黏膜和皮肤组成的物理屏障。先天免疫是机体的第二道防线，包括炎症、发热、抗菌蛋白和吞噬细胞。特异性免疫/抵抗力是机体的第三道防线，赋予机体锁定和破坏特定病原体的能力。特异性免疫包含淋巴细胞，这些细胞能产生抗体和记忆细胞。

当机体形成对抗病原体的自身抗体时，就形成了主动免疫，如当机体暴露于疾病或疫苗时。被动免疫是指机体接受外源性抗体，如摄入初乳或输入血浆。

细胞免疫（细胞介导的免疫）涉及T淋巴细胞的激活。这些T细胞有不同的功能：

- 细胞毒性T细胞可依附并攻击抗原。
- 辅助性T细胞可增强其他免疫反应。
- 抑制性T细胞可调节免疫反应。
- 记忆性T细胞可对抗原产生记忆，在再次接触抗原时能够快速产生免疫应答。

体液免疫涉及由B淋巴细胞产生的抗体。B细胞分化为浆细胞，通过产生抗体中和病原体、防止细胞附着、固定细菌并增强吞噬作用。抗体是针对特异性抗原而形成，记忆性B细胞可在未来再次接触病原体时快速启动免疫应答。

与传染病有关的因素

两只动物都在生活的环境中接触到了病原，为什么只有一只患病？这个问题涉及每个动物和环境的因素与变量。首先是宿主因素，即动物本身。年龄、营养状态、健康状况、药物、免疫状况和应激都会影响动物的免疫系统。其次是环境因素，包括温度、湿度和环境卫生。此外，微生物相关因素如毒力、传播模式和暴露量也会决定宿主免疫系统对病原体的反应。

理解病理学所需的基本术语

- 细菌易位（bacterial translocation）：细菌或细菌产物穿过屏障进入淋巴管或外周血液循环。
- 细菌疫苗（bacterin）：通过免疫接种以预防细菌性病原体的疫苗。
- 生物媒介（biological vector）：生物媒介是一种有机体，微生物进入最终宿主之前在对应生物媒介内发育或繁殖。
- 携带者（carrier）：携带者可作为病原微生物的宿主，但不表现临床症状。
- 临床症状（clinical sign）：观察者可看到或量化患病动物的客观变化。
- 接触性传染性疾病（contagious infectious disease）：可以从一个动物传播至另一个动物的传染病。
- 疾病（disease）：由于健康状况的改变而使体内平衡被破坏。
- 地方病（endemic）：始终在特定地区流行的疾病。
- 病媒（fomite）：可传播传染病的无生命物体。
- 体内平衡（homeostasis）：生物体将内环境维持在某一恒定范围内的能力。
- 水平传播（horizontal disease transmission）：疾

病在无关联的动物之间传播；可通过直接接触或媒介传播。当一个动物接触其生活环境中存在的病原时即发生水平传播。

- 潜伏期（incubation period）：病原体入侵机体到机体表现出临床症状的时间。
- 感染（infection）：微生物入侵机体并在体内繁殖。
- 传染性疾病（infectious disease）：由微生物所致的疾病。
- 潜伏期感染（latent infection）：个体不表现临床症状的感染，除非机体处于应激状态。
- 局部疾病（local disease）：仅小面积影响机体，或仅影响机体某一部分的疾病。
- 机械性媒介（mechanical vector）：将微生物从一个地方携带至另一个地方的有机体。
- 发病率（morbidity）：群体中发病个体和健康个体的比率。表示疾病的传染性。
- 死亡率（mortality）：死亡数量与暴露或感染个体数量的比值。
- 保守治疗（palliative）：减轻临床表现/症状而非治愈疾病。
- 病原体（pathogen）：传染性因子或微生物。
- 典型症状（pathognomonic sign）：特征性的症状或某个疾病特有的症状。
- 病理学（pathology）：对疾病机理的研究。
- 预后（prognosis）：推断疾病可能的结局。
- 传染源（reservoir）：使微生物在环境中长期存在的携带者或替代寄主。
- 抵抗力（resistance）：抵抗疾病的能力（免疫力）。

- 亚临床或隐性感染（subclinical or unapparent infection）：无法观察到临床症状的感染。
- 易感性（susceptibility）：缺乏免疫力或抗病能力。
- 症状（symptom）：主观改变，对观察者而言不明显，需要患病动物的主人主动告知。
- 全身性疾病（systemic disease）：影响数个器官/组织或全身系统的疾病。
- 疫苗（vaccine）：免疫接种以抵抗病毒性病原体。
- 媒介（vector）：可传播接触性传染病的任何物体。
- 垂直传播（vertical disease transmission）：疾病在后代出生之前或出生后立即由父母传至后代，如经胎盘传播或经初乳或乳汁传播。
- 人畜共患病（zoonotic disease）：可从动物传染给人类的传染病。

参考阅读

[1] "Biology-Online Dictionary." Accessed February 27, 2013. http://www.biology-online.org/dictionary/Main_Page.
[2] Leifer, Michelle. "What Do Veterinary Technicians Do?" Vetstreet. Accessed February 27, 2013. http://www.vetstreet.com/learn/ what-do-veterinary-technicians-do.
[3] Levinson, Warren. "Immunology." In Medical Microbiology & Immunology: Examination & Board Review. New York: Lange Medical Books/McGraw-Hill, 2004.
[4] "Medical Dictionary." Accessed February 27, 2013. http://medical-dictionary.thefreedictionary.com/.

第2章 犬的传染性疾病

2

犬生活环境中可接触到的传染性微生物无处不在，但大部分微生物可被免疫系统清除。然而，很多因素会导致免疫系统保护失败（已在第1章讨论）。虽然疫苗可对大多数犬形成保护，但仍有很多犬会患传染性疾病而前往动物医院就诊。

犬瘟热病毒

概述

犬瘟热是由副黏病毒科有囊膜的RNA病毒——犬瘟热病毒（CDV，canine distemper virus）引起的高度接触性全身性传染病。由于该病毒属于麻疹病毒属，故其和人类麻疹病毒关系较近。犬瘟热可见于家犬和雪貂，也可感染野生动物，如臭鼬、水貂、浣熊、郊狼、狼和狐狸。犬瘟热病毒在环境中非常不稳定，易被常规消毒方法杀灭。犬瘟热病毒的潜伏期约2周。

传播

- 犬瘟热的主要传播方式是气溶胶传播。呼吸道分泌物包含病毒，其他分泌物也被认为具有传染性。犬瘟热可由母体经胎盘传至胎儿。

临床症状

- 在未免疫的幼犬中传播极快。
- 感染犬瘟热后通常伴有发热症状。
- 存在呼吸道症状，包括严重的眼部和鼻腔分泌物以及肺炎（图2.1）。

图2.1　感染犬瘟热病毒的犬出现鼻腔分泌物（图片由Michael Curran惠赠）

- 皮肤症状包括腹部脓包以及脚垫和鼻部角化过度。这些组织产生了过多的角蛋白，导致蜡样坚硬的表面，通常称作"硬脚垫"。
- 胃肠道（GI，gastrointestinal）相关的临床症状包

括呕吐和腹泻。

- 由于釉质发育不良所致的牙齿问题。幼犬感染后，牙釉质无法在牙齿表面形成（图2.2）。

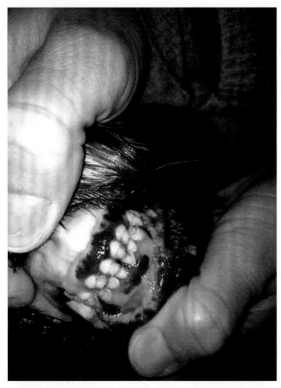

图2.2 犬瘟热病毒所致的牙釉质发育不良（图片由Shawn Douglass惠赠）

- 抽搐在犬瘟热患犬中很常见。如果犬在出生之后感染犬瘟热病毒，抽搐可能在病程中或在临床症状恢复后延迟1~3周出现。发作程度为轻度至重度，常见"嚼口香糖"样抽搐和面部肌肉的局部抽搐。

> 技术要点 2.1：犬瘟热是6月龄以下幼犬抽搐的最常见病因之一。

- 出生之前已感染犬瘟热的幼犬，在出生后几周内会出现抽搐症状，无其他临床症状。

诊断

- 犬瘟热通常基于临床症状、体格检查和病史进行诊断。
- X线检查可用于肺炎诊断（图2.3）。
- 参考实验室检测包括聚合酶链式反应（PCR，polymerase chain reaction）、抗体滴度和免疫荧光抗体检测（IFA，immunofluorescent antibody assay）。
- 院内检测包括犬瘟热抗原检测试剂盒和常规实验室检测（表2.1），尽管这种实验室检测结果

b

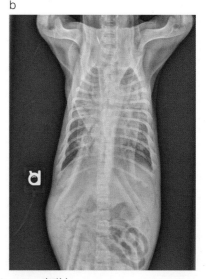

a

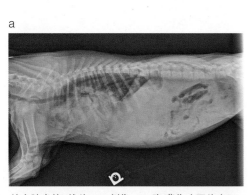

图2.3 幼犬肺炎的X线片：a. 侧位。b. 腹/背位（图片由Brandy Sprunger惠赠）

表2.1 犬瘟热的实验室检测

血涂片中细胞形态变化	红细胞和白细胞内可见暗紫色、圆形至椭圆形、大小不均的包含体
血细胞计数的变化	感染后3–6d出现白细胞减少症
红细胞压积和总蛋白（PCV/TP）	由于血液浓缩而升高
血液生化	由于厌食和呕吐所致的低血糖
电解质	由于脱水和厌食所致的电解质紊乱
尿液的变化	由于脱水而使USG增加

并非完全准确。患犬常规血涂片检查时，红细胞（RBCs，red blood cells）和白细胞（WBCs，white blood cells）中可能会出现犬瘟热包含体（图2.4）。

治疗

- 根据临床症状进行支持性治疗。
- 治疗包括静脉（IV，intravenous）输液、纠正电解质紊乱、抗生素治疗以预防继发感染、抗惊厥药和氧气疗法。

- 即使经过治疗，大多数患病动物通常也会出现死亡。

客户教育和技术人员建议

- 犬瘟热是导致未免疫幼犬死亡的主要病因之一。
- 免疫、隔离和环境卫生是阻止病毒传播的关键。
- 处于高风险的幼犬可接种人麻疹疫苗。该种疫苗可产生能识别犬瘟热病毒的交叉保护抗体且不受母源抗体的干扰。
- 如果犬患犬瘟热后可以存活，可能伴有终身性后遗症，包括牙齿和中枢神经系统（CNS，central nervous system）问题（抽搐）。

> 技术要点 2.2：犬瘟热患犬的长期预后情况存疑。中枢神经系统症状可能无法完全恢复。

- 患犬瘟热后存活的犬，待老年时可能会出现"老年犬脑病（ODE，old dog encephalopathy）"。病毒可长期存在于脑组织中，可能会引起脑炎。值得注意的是，这些犬无接触传染性，也不会出现犬瘟热相关的临床症状。ODE患犬会表现CNS症状，如抽搐、共济失调和头抵墙的行为（head pressing）。

a

b

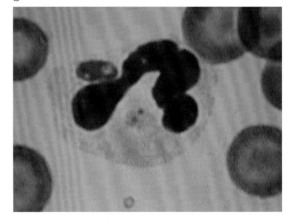

图2.4 红细胞（a）和白细胞（b）内的犬瘟热病毒包含体。常规血液学染色（Diff Quik）（图片由Tammy Schneider惠赠）

犬细小病毒2型

概述

犬细小病毒2型（CPV-2，canine parvovirus type 2）是一种高度接触性传染性病毒，可导致犬急性重度胃肠炎。CPV-2可见于野生犬科动物，也可感染家养犬。这种无囊膜的DNA病毒属于细小病毒科，尽管同类病毒可感染多种动物，但CPV-2尚未跨种系感染。犬在感染后4~9d内出现临床症状。细小病毒是目前所知抵抗力最强的病毒。CPV-2在环境中可存活1年甚至更长时间，病毒对某些消毒剂、极端温度和pH改变均有抵抗力。然而，稀释的漂白剂可杀死坚硬物体表面的病毒。

传播

- 细小病毒通过粪便传播。犬可通过粪—口途径感染。病毒可通过直接接触感染犬和粪便传播，或通过媒介传播，尤其是污染物。

- 感染细小病毒的犬在出现临床症状前3d和康复后的3周内可通过粪便排毒。
- 细小病毒最初在口腔和咽部淋巴组织内复制，随后进入血液循环。病毒迅速攻击分裂中的组织和细胞，包括骨髓、淋巴组织和小肠隐窝细胞。

临床症状

- 尽管成年犬出现与CPV-2感染相符的临床症状时，也有可能是犬细小病毒病，但该病常发于1岁以内的幼犬。
- 常见的临床症状包括急性呕吐、腹泻、厌食和嗜睡。腹泻通常是出血性的并伴有特殊气味。
- 发热常常与其他临床症状同时出现。
- 部分犬可为细小病毒的无症状携带者。

诊断

- 最常见的诊断方法是院内ELISA检测。这种方法检测犬粪便中的细小病毒抗原，被认为可以用于确诊（图2.5）。

a

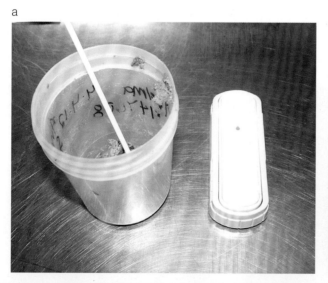

b

图2.5　a. 用于检测细小病毒的粪便样本和爱德士（IDEXX）试剂板（图片由Amy Johnson和Bel-Rea Institute of Animal Technology惠赠）。b. 爱德士测试剂板显示粪便中CPV-2抗原呈阳性（图片由Hillary Price惠赠）

- 也可通过参考实验室进行检测，但由于可以进行院内诊断，所以很少采用。
- 实验室血液学检测可能有助于诊断，但单独使用该方法无法确诊（表2.2）。

表2.2 细小病毒的实验室检测

血细胞计数的变化	白细胞减少症，尤其是淋巴细胞减少和中性粒细胞减少
PCV/TP	由于血液浓缩而升高
血液生化	由于呕吐和厌食而出现低血糖
电解质	由于脱水和厌食而出现电解质紊乱
尿液的变化	由于脱水而使USG增加

技术要点 2.3：细小病毒可在院内轻松确诊。操作简单可行且相当便宜，可为动物主人和兽医提供快速诊断。

治疗

- 采用支持疗法以纠正电解质和体液失衡、阻止细菌易位和败血症，控制临床症状。
- CPV-2患犬呕吐停止后可经口进食、饮水或口服药物。许多兽医在治疗早期采用肠外营养。给肠道上皮细胞供给营养有助于加快疾病恢复。因此，为了成功进行早期肠内营养（EEN，early enteral nutrition），必须控制呕吐。
- 患细小病毒病的幼犬由于呕吐和腹泻可出现严重脱水，因此需要首先恢复水合状态及电解质平衡。理想状态下应接受静脉晶体液治疗，皮下（SQ，subcutaneous）液体治疗因污染发生感染的风险较高，且通常无法满足患犬的水合需求。一旦放置静脉留置针，需特别注意在48~72h更换，以避免感染和炎症反应。
- 许多诊所用自创的"细小病毒鸡尾酒疗法"治疗患犬。治疗方法多种多样，但都是联合应用晶体液与葡萄糖、广谱抗生素、电解质、止吐药和镇痛药。部分可能包含提高免疫力的维生素。
- 细小病毒患犬应在隔离病房住院治疗。由于患犬免疫系统较为虚弱，因此很容易继发细菌感染。把它们安置在隔离病房可使它们远离其他住院动物携带的传染性病原，这种方法也保护其他住院动物免受高接触性细小病毒的感染。

兽医技术人员职责 2.1

保持细小病毒患犬和其所在笼位的清洁非常重要。动物和笼位应没有尿液、粪便和呕吐物。由于频繁和大量的腹泻，这可能是一个比较艰巨的任务，因此，兽医技术人员需保持对这些动物的监护。

客户教育和技术人员建议

- 免疫、隔离和保持环境卫生是阻止病毒传播的关键。

技术要点 2.4：尽管细小病毒很难在环境中杀灭，但稀释的漂白剂可杀灭坚硬物体表面的病毒。

- 某些品种的易感性较高。这些品种包括罗威纳犬、杜宾犬、比特犬、德国牧羊犬和拉布拉多寻回猎犬，这些品种需加强免疫以提供充足的保护力。
- 表现出临床症状的患犬大部分都是幼犬，但我们不应忽视成年犬也可能患CPV-2。未免疫或免疫不恰当的老年犬、免疫力低下的犬以及免疫失败的犬都存在感染CPV-2的风险。
- 大部分患病后存活的犬对该病有抵抗力。主人无需担心他们的动物回家后再次感染犬细小病毒。
- 细小病毒患犬住院强化治疗后通常预后良好。

犬腺病毒1型或犬传染性肝炎

概述

犬传染性肝炎（ICH，infectious canine hepatitis）是由腺病毒科的无囊膜DNA病毒引起的家养犬、野生犬科动物和熊的多系统性感染。由于病毒无囊膜，故其可在环境中存活数月，尤其是在气候凉爽的季节。病毒对稀释的漂白剂和其他多种消毒剂敏感。犬传染性肝炎由犬腺病毒1型（CAV-1，canine adenovirus type 1）引起。尽管该病毒与犬腺病毒2型（引致犬传染性气管支气管炎的常见病因）关系较近，但他们是两种不同的病毒。CAV-1的潜伏期为4~9d。

传播

- CAV-1通过接触环境中受病毒污染的尿液、粪便或唾液进入机体。犬感染CAV-1后可通过尿液排毒，排毒期长达6个月。
- 媒介也是该病毒的重要传播方式，尤其是被尿液污染的物品。
- 病毒进入机体后先在扁桃体内复制，随后传播至相关淋巴结。病毒可通过血液循环转移至肝组织、肾脏、脾、肺和眼。

临床症状

- CAV-1常见于1岁以内的幼犬。
- 临床症状变化较大，可表现为亚临床感染至急性死亡。
- 由于病毒最初在扁桃体内增殖，因此犬在感染CAV-1后可能会出现淋巴结炎，但往往被动物主人和兽医忽略。
- CAV-1感染后往往伴有发热。

- 肝炎和肝脏坏死可导致肝性脑病，这意味着肝功能障碍已经导致血氨升高。氨对大脑有毒性作用，可导致癫痫、昏迷、失明、共济失调等临床表现和头抵墙的行为。
- 由于多种凝血因子由肝脏产生，因此肝炎可导致凝血障碍。患犬可表现出瘀血点、挫伤、便血、呕血和其他出血性疾病。出血可能非常严重，甚至导致弥散性血管内凝血（DIC，disseminated intravascular coagulopathy）。
- 依据肝脏损伤程度的不同，患犬可表现为组织黏膜、血清和尿液黄疸（图2.6）。

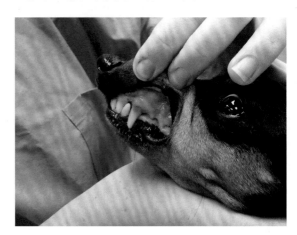

图2.6　犬黏膜黄疸（图片由Brandy Sprunger惠赠）

- 病毒在肾脏中定殖可导致肾盂肾炎，进而导致慢性肾脏疾病。
- CAV-1也常导致眼部疾病，包括前葡萄膜炎和角膜水肿。角膜水肿即"蓝眼"，这是由于患犬眼睛表现为不透明的蓝色。在存活的患犬中，该症状将自愈。

诊断

- CAV-1常通过临床症状、体格检查、病史和实验室检查（表2.3）作出诊断。
- 参考实验室检测包括病毒分离、血清抗体滴度检测和IFA。

- 尸检时的组织病理学可见肝细胞内的核内包含体。

表2.3 CAV-1的实验室检查

血细胞计数的变化	白细胞减少症，尤其是淋巴细胞减少症和中性粒细胞减少症 血小板减少症 若存在出血则可见贫血
PCV/TP	若存在出血则降低 肝脏损伤可导致TP降低
血液生化	肝酶升高：ALT、AST、ALP、GGT 高胆红素血症 血氨升高 BUN降低 低白蛋白血症 凝血因子减少 由于厌食和糖原产生减少而导致的低血糖
出血时间	由于凝血因子缺乏而延长
尿液的变化	高胆红素尿 如果存在尿道出血或肾盂肾炎，则表现血尿

治疗

- 与其他病毒的治疗一样，支持疗法对患犬的存活非常重要。
- 支持疗法包括葡萄糖和电解质的静脉输液。不建议皮下补液，尤其是患犬存在凝血障碍时。
- 由于白细胞减少和免疫系统受损，CAV-1患犬通常需给予广谱抗生素治疗以预防继发感染。
- 输血可提供白细胞，因此常采用输血疗法改善免疫功能，同时也有助于纠正凝血障碍。如果患犬缺乏凝血因子和血小板，也可通过输血补充。

客户教育和技术人员建议

- 免疫、隔离和保持环境卫生是阻止病毒传播的关

键。由于疫苗的推广，如今犬传染性肝炎并不常见。

- 由于CAV-1疫苗存在不良反应，因此应使用CAV-2（传染性气管支气管炎）疫苗预防该病。CAV-1疫苗可导致出现"蓝眼"症状和肾功能不全。由于这两种病毒关系很近，因此CAV-2疫苗可为犬提供针对两种腺病毒的保护力。

> 技术要点 2.5：贴有DHLPP标签的疫苗含有CAV-2，而非其名称所暗示的CAV-1。

犬传染性气管支气管炎或窝咳

概述

任何可导致犬咳嗽的传染性呼吸道疾病均可认为是窝咳。这是一个非常宽泛的诊断，其病原包括了多种病毒、细菌或真菌。导致犬窝咳的常见病毒包括犬腺病毒2型（CAV-2，canine adenovirus type 2）、副流感病毒和犬疱疹病毒。支气管败血性博德特氏杆菌（*Bordetella bronchiseptica*）是常见的细菌性病原。双重感染很常见，但导致犬窝咳的大部分病原体非常不稳定，无法在环境中长时间存活。疾病潜伏期由于病原体的不同而不同，通常为1周。

传播

- 通过呼吸道分泌物所含病原体的气溶胶进行传播。
- 可通过近距离接触传播，包括寄养设施、收容所、动物医院/诊所或日托设施。

> 技术要点 2.6：窝咳并不是寄养犬舍特有的传染病。任何多犬饲养环境均存在感染风险。

临床症状

- 窝咳可见于与其他犬有共同生活史的任何年龄和品种的犬。
- 轻柔的气管触诊即可诱发窝咳患犬剧烈干咳。
- 咳嗽通常伴随着恶心和干呕，这往往让主人误认为动物在呕吐。
- 窝咳通常仅表现咳嗽，无发热、厌食等其他临床症状。
- 某些犬可发展为更加严重的疾病。应激和年龄可能是决定感染严重程度的因素。这类患犬可能会出现发热、厌食、沉郁、脓性鼻分泌物以及由于肺炎而导致的咳嗽。

诊断

- 通常可基于临床症状、体格检查和病史进行疾病诊断。
- 确诊需要进行参考实验室检测，但这通常不是必需的，因为检测并不能改变治疗方法和预后。

治疗

- 窝咳通常是自限性的；犬的免疫系统可在无药物介入的情况下清除病原。

> 技术要点 2.7：犬窝咳是一种自限性疾病，这意味着不是所有的窝咳病例都需要治疗。

- 由于该病具有传染性，因此尽量避免住院。
- 可以使用止咳药，但这通常取决于动物主人的意愿。
- 可能需要抗生素治疗，尤其是当临床症状加剧和疑似肺炎时。

客户教育和技术人员建议

- 免疫、隔离和保持环境卫生是阻止疾病传播的关键。但经过免疫的犬也有可能患病，这是由于多种病原体均可导致犬窝咳，但免疫无法对所有的病原体产生抗体。
- 大多数寄养场所、日托服务、美容院和动物医院应要求犬在入院前免疫DA2LPP和支气管败血性博德特氏杆菌疫苗。
- 如果动物行走时咳嗽，动物主人应使用不压迫气管的牵引带。动物在患病期间最好避免行走。

钩端螺旋体病

概述

钩端螺旋体病（leptospirosis）是一种人类和其他动物的细菌性疾病，也是世界上传播最广的人畜共患病。尽管其在北美发现，但其更多地出现在水质净化不佳或水质较差的国家和地区。这种疾病是由于钩端螺旋体属的螺旋体引起（图2.7）。钩端螺旋体属有超过200个血清型。在北美具有重要临床意义的血清型为黄疸出血型（icterohemorrhagiae）、犬型（canicola）、波摩纳型（pomona）、流感伤寒型（grippotyphosa），布拉迪斯拉瓦型（bratislava）和秋季型（autumnalis）。钩端螺旋体在潮湿的土壤和水中可存活数月，在温和的气候环境中存活时间最长。潜伏期为2-20d。

> 技术要点 2.8：钩端螺旋体是世界上传播最广的人畜共患病。

传播

- 虽然某些动物对钩端螺旋体抵抗力较强，但该病

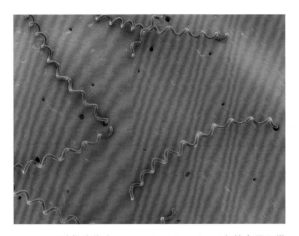

图2.7　钩端螺旋体（*Leptospira interrogans*）的电子显微镜图像（图片由Sebastian Kaulitzki惠赠）

原可感染多种哺乳动物。任何品种和年龄的犬均可感染。

- 最常见的传播途径是受感染的尿液。患犬康复后仍可通过尿液排毒，排毒期长达1年。钩端螺旋体可通过黏膜、受损的皮肤或摄取受污染的食物或饮水而进入机体。
- 当物品被感染的尿液污染时，污染物在传播过程中扮演着重要角色。
- 钩端螺旋体可穿过胎盘，也可通过性交传播。

临床症状

- 钩端螺旋体病的临床症状通常是非特异性的。有些犬可能无症状，但有些犬可能出现急性死亡。
- 急性期的犬可能表现出发热、嗜睡、厌食、呕吐和腹泻（V/D，vomiting and diarrhea）、多饮和多尿（PU/PD，polyuria and polydipsia）、腹痛、肌肉疼痛、虚弱和黄疸。在该阶段，细菌通过血液和淋巴系统转移至身体其他组织，机体开始对感染产生免疫反应并形成免疫力。
- 恢复期通常持续2周。在该阶段，免疫系统开始

从多个组织中清除病原，但病原仍然存在于肾脏，也可能存在于肝脏。临床症状可能加强，也可能减弱。

- 适当地使用抗生素治疗后，如果病原体无法从肾脏、肝脏、眼中清除，患犬将成为携带者或进入慢性期。患犬表现出与慢性肾炎、活动性肝炎和葡萄膜炎类似的临床症状。
- 钩端螺旋体导致的死亡与急性肾衰竭和/或肝脏坏死有关。

诊断

- 钩端螺旋体病无法在院内实验室确诊，通常需要借助于参考实验室检测。但是，院内实验室诊断有助于支持钩端螺旋体病的诊断（表2.4）。

> 技术要点 2.9: 尽管没有针对钩端螺旋体病的院内诊断方法，但如果该病在鉴别诊断列表中，动物可标注为"疑似钩端螺旋体病"。

- 参考实验室检测包括抗体滴度、显微凝集试验（MAT，microscopic agglutination test）和PCR。这些检测需要抗生素治疗之前的血液和尿液样本。样本采集时间决定了血液和尿液检测是否适用于患病动物。病原菌最初在血液循环中出现但随后被清除，仅可在尿液中被发现。

治疗

- 采用抗生素和支持疗法治疗钩端螺旋体感染。
- 初次感染通常使用强力霉素或青霉素治疗。随后长期使用强力霉素以消除带毒状态。
- 针对病例的临床症状采取对应的支持疗法。治疗通常针对肾脏问题，包括静脉输液以纠正电解质和酸碱紊乱。

表2.4 钩端螺旋体病的实验室检测（可根据临床症状而调整）

血细胞计数的改变	白细胞增多症 血小板减少症
PCV/TP	由于血液浓缩而上升
血液生化	肝酶升高：ALT、AST、ALP、GGT 高胆红素血症 氮质血症 血氨升高 低白蛋白血症 凝血因子减少 由于肾功能不全所致的电解质紊乱
出血时间	延长
尿液的改变	胆红素尿 蛋白尿 糖尿 细胞管型增多 USG降低

客户教育和技术人员建议

- 虽然免疫后的犬仍可发病，但免疫仍是阻止疾病传播的重要手段。免疫后犬仅产生针对疫苗所含血清型的抗体，对其他血清型无交叉保护力。尽管如此，免疫仍是预防该病的重要方法。
- 需将患犬的尿液和其他动物隔离。不同的诊所隔离尿液的方法有所不同，但可能包括：在犬排尿时收集尿液、通过导管和封闭的收集系统收集尿液或在犬排尿处使用漂白剂。值得注意的是，即便患犬已经康复，但动物主人需继续将其尿液视为生物危害物。
- 啮齿动物是钩端螺旋体可能的携带者和保存者。控制啮齿动物是阻止病原传播的重要环节。
- 由于兽医专业人员会接触到患犬和它们的尿液，因此属于高危人群。良好的个人卫生习惯和个人防护装备非常重要。处理患犬和受感染的尿液

时，工作人员需全程佩戴手套、面罩和眼睛保护装置。

兽医技术人员职责 2.2

由于钩端螺旋体病是一种人畜共患病，所以尿液必须进行无害化处理。虽然大部分诊所会放置导尿管并采用封闭的尿液收集装置，但其实可以通过多种方式完成。无论采取何种方式，最关键的是不要接触感染后的尿液。

- 需要向主人强调的是，即使犬的症状消失，也需要继续使用抗生素进行治疗。重要的是要坚持到治疗的最后阶段，以消除带菌状态。
- 良好的清洁措施对污染物的清除非常必要。

犬流感病毒或犬流感

概述

犬流感病毒（CIV，canine influenza virus）是一种新的、高度接触性呼吸道病毒，是流感病毒中唯一可感染犬的病毒。CIV于2003年在佛罗里达的灵缇赛犬中首次报道，并迅速在北美传播，被认为是犬的新型病原。与人类流感病毒不同，CIV的流行无季节性。CIV属于A型流感病毒，为H3N8亚型，它被认为起源于一种与马有关的流感病毒的突变。目前尚无证据表明CIV是一种人畜共患病或可以感染犬以外的其他动物。该病毒可在环境中存活大约2d，在手和衣物上可存活24h。犬在潜伏期最具传染性，潜伏期持续2–4d。

传播

- 主要的传播方式是通过呼吸道分泌物气溶胶传播。

● 污染物和机械性媒介也可传播病毒。

临床症状

● 大部分犬对该病毒无抵抗力，当暴露于病毒后即可患病。任何品种和年龄均可感染。
● CIV通常引起上呼吸道疾病，导致咳嗽、鼻分泌物、轻度发热、嗜睡和厌食。通常很难区分CIV和窝咳。
● 严重的病例可能发展成肺炎和高热，但不常见。

诊断

● 已发表的文献尚未报道院内诊断方法，但参考实验室可提供诊断。
● 大部分病例的诊断基于临床症状和暴露史。

治疗

● 动物的免疫系统可清除病毒，这有助于治疗。
● 支持治疗包括静脉输液和抗生素治疗，以预防和治疗继发感染。

客户教育和技术人员建议

● 由于该病的发病率很高，因此必须进行隔离和有效的清洁措施以阻止病毒的传播。不过幸运的是，该病的死亡率很低（1%–5%）。
● 有针对CIV的新型疫苗。该疫苗不能使犬不患病，但可以降低发病的严重程度并缩短病程，是当前市场上最昂贵的疫苗之一，这使动物主人质疑是否需要给犬接种该疫苗。事实上，并非所有的犬都需接种该疫苗，但推荐高风险犬接种，如在收容所、救援、犬舍、宠物商店、逗留于犬舍

或参加课程的犬，日托、美容院和参加各类活动的犬。

技术要点 2.10：并非所有的犬都需要接种CIV疫苗，仅具有高风险的犬需要注射疫苗。

参考阅读

[1] "Canine Infectious Hepatitis." Web DVM. September 17, 2012. Accessed February 26, 2013. http://webdvm.net/cih.html.
[2] "Canine Influenza." September 7, 2009. Accessed February 26, 2013. https://www.avma.org/KB/Resources/Backgrounders/Pages/Canine-Influenza Backgrounder.aspx.
[3] Cornell University—Baker Institute. An Overview of Canine Distemper Virus. 2007. http://bakerinstitute.vet.cornell.edu/animalhealth/page.php?id=1088.
[4] Cornell University—Baker Institute. An Overview of Canine Parvovirus. 2007. http://bakerinstitute.vet.cornell.edu/animalhealth/page.php?id=1089.
[5] Cornell University—Baker Institute. An Overview of Leptospirosis. 2007. http://bakerinstitute.vet.cornell.edu/animalhealth/page.php?id=1100.
[6] Distemper in Dogs. Accessed February 26, 2013. http://www.petmd.com/dog/conditions/respiratory/c_dg_canine_distemper?utm_source=google.
[7] "Healthy Dogs." Dog Flu (Canine Influenza Virus). 2009. Accessed February 26, 2013. http://pets.webmd.com/dogs/canine-flu-symptoms-treatment.
[8] "Healthy Dogs." Leptospirosis in Dogs. 2007. Accessed February 26, 2013. http://pets.webmd.com/dogs/canine-leptospirosis.
[9] Kahn, Cynthia M. "Canine Infectious Diseases." In The Merck Veterinary Manual. Whitehouse Station, NJ: Merck, 2005.
[10] "Key Facts about Canine Influenza (Dog Flu)." Centers for Disease Control and Prevention. November 10, 2011. Accessed February 26, 2013. http://www.cdc.gov/flu/canine/.
[11] Parvovirus Infection. Accessed February 26, 2013. http://www.petmd.com/dog/conditions/infectious-parasitic/c_dg_canine_parvovirus_infection?utm_source=google.

第3章 猫的传染性疾病

3

猫的传染病病原和犬的一样，在环境中广泛存在。完全在室内生活没有机会和同类接触的猫，患病风险最小。感染风险较高的猫包括自由进出室内外的猫、完全生活在户外的猫、收容所中的猫以及与多只猫有接触史的猫。有些病原感染后可能预后良好，但有些病原会导致终身感染甚至死亡。

猫泛白细胞减少症或猫瘟

概述

猫泛白细胞减少症（anleukopenia）是一种可能致死的高度传染性疾病，病原为细小病毒科无囊膜的DNA病毒。这种病毒可见于所有猫科动物，虽然与犬细小病毒关系密切，但并不会引起犬发病。然而，最近有研究表明事实并非如此，因为在健康猫和出现泛白细胞减少症临床症状的猫体内均可分离出犬细小病毒。和其他细小病毒一样，猫泛白细胞减少症病毒（FPV，feline panleukopenia virus）虽然在物体表面很容易被漂白剂灭活，但在环境中抵抗力较强，可存活一年甚至更长时间。病毒的潜伏期为暴露后3~4d。

> **技术要点 3.1:** 猫泛白细胞减少症病毒在环境中的存活时间可达犬细小病毒的2倍。

传播

- 病毒通过猫的分泌物排出，尤其是粪便。猫可通过口鼻直接接触患病猫、分泌物或者污染物而感染。
- 也可发生子宫内垂直传播。
- FPV会破坏骨髓、淋巴组织和小肠上皮中快速分裂的细胞。病毒会攻击发育中的胎儿或新生儿的小脑和眼细胞。

临床症状

- 怀孕母猫在妊娠早期感染，很可能会出现木乃伊胎或胎儿被吸收、流产或死胎。
- 若在妊娠后期感染，则会出现小脑发育不全（CHP，cerebellar hypoplasia）和视神经损伤。感染孕猫娩出的幼崽会出现共济失调、震颤、四肢外展的站立姿势，也可能失明。尽管随着时间的推移，小脑发育不全的症状会随着猫的学习和适应而逐渐减轻，但通常会伴随终身。

17

- 水平感染后的症状包括急性发热、食欲不振、嗜睡、呕吐（可能伴有腹泻）、体重减轻以及腹痛。由此导致的脱水和电解质失衡将引起酸碱平衡紊乱，进而导致死亡（图3.1）。
- 小肠隐窝细胞的损伤将导致腹泻、吸收不良和细菌移位。

诊断

- 可通过病史、体格检查和临床症状进行疾病诊断。未免疫的幼猫、野猫或可进出户外的猫患病风险最高。
- 虽然FPV尚无可用的院内检测方法，但该病毒可能与犬细小病毒ELISA抗原检测存在交叉反应。阳性结果可以确诊FPV，阴性结果不一定意味着猫没有被感染。猫体内的病毒数量比犬少，而且它们也不经常排毒。
- 可通过血液分析（包括全血细胞计数，血液生化检查和电解质检查）进一步诊断（表3.1）。
- 参考实验室可提供其他检测方法，包括聚合酶链式反应（PCR）、病毒分离、间接免疫荧光法（IFA）和抗体滴度检测。

表3.1 猫泛白细胞减少症实验室检查

全血细胞计数的变化	白细胞减少症，尤其是中性粒细胞和淋巴细胞 24-48h将出现回升 可见核左移 可见中毒性中性粒细胞
红细胞压积/总蛋白（PCV/TP）	由于血液浓缩而升高
血液生化	由于厌食和呕吐导致低血糖
电解质	由于脱水和厌食引起的紊乱
尿液的变化	由于脱水导致尿比重（USG）增加

治疗

- 治疗的主要目标是补液和纠正电解质紊乱、预防继发感染、控制呕吐和防止细菌移位。
- 使用电解质进行积极的液体治疗是必要的，对于低血糖的猫，还应该加上葡萄糖。
- 对于生病和处于恢复期的猫，营养支持是必要的，可能需要强饲、放置鼻饲管或胃饲管进行饲喂。越早进食的猫康复概率越大。与传统的禁

a

b

图3.1 a. 猫泛白细胞减少症病毒（导致）的血性腹泻。b. 严重脱水导致的第三眼睑脱出（图片由Amy Johnson和Bel-Rea动物技术研究所惠赠）

止经口进食（NPO）治疗相比，在患猫住院的前12h内进行强饲来给予早期肠内营养（EEN）将提高患猫的生存率。

兽医技术人员职责 3.1

一旦呕吐停止，让泛白细胞减少症的患猫进食是非常重要的。兽医技术人员可尝试以下方法：采用适口性好的食物、加热食物、强饲或者通过其他途径饲喂。

- 止吐剂可以控制呕吐，这对于能否成功给予早期肠道营养（EEN）非常重要。
- 抗生素对预防继发感染和细菌移位非常重要，此外，保持患猫与其他传染源的隔离同样重要。
- 对于严重病例，可能需要输血或血浆来补充丢失的血细胞和血浆蛋白。

客户教育和技术人员建议

- 美国猫科医师协会（AAFP，The American Association of Feline Practitioners）认为FPV疫苗是一种核心疫苗，并且疫苗接种对于预防该病非常有效。其他预防措施包括不在户外给幼猫喂食（特别是在温暖的月份），要控制苍蝇和其他传播媒介，避免接触未接种疫苗的猫。虽然如今FPV确诊病例数量较以往减少，但在野生种群中仍然可以看到，在收容所也常见到疾病暴发。
- 康复后的猫排毒时间最长可达6周，并且可感染其他猫。
- FPV痊愈猫已具备了强烈的免疫应答且自身不会再次感染。然而被它们污染的环境会导致其他猫被感染，尤其是幼猫。如果环境中有FPV的存在，那么主人至少需要等待一年以上才能再养新的没有免疫的幼猫。
- 对于CHP的幼猫，如果主人能理解它们的需求并

提供安全的生活环境，它们可拥有良好的生活质量。

猫白血病病毒

概述

猫白血病病毒（FeLV，feline leukemia virus）是一种逆转录病毒科肿瘤病毒亚科的有囊膜RNA病毒。该种病毒也被称为致肿瘤RNA病毒、正链RNA肿瘤病毒。这种病毒是导致猫因严重免疫抑制、贫血和肿瘤而死亡的主要原因之一。世界各地的野生猫科动物和家猫都可感染FeLV。该病毒在环境中极不稳定，只能存活几个小时。该病很少表现急性症状，病毒的潜伏期为2-6周。

传播

- 接触被污染的分泌物会导致水平传播，大部分病毒从唾液排出，尿液、粪便和泪液等其他分泌物也会带毒。其他可能的传播方式包括打斗、互相梳理毛发或与病毒污染物接触。存在持续感染的猫是这种病毒的宿主。
- 垂直传播发生在子宫内或者出生后不久，通过哺乳或母子舔舐而传播。
- 大多数猫在幼龄时感染，因为此时它们的免疫系统尚不成熟，所以存在较高的感染风险。
- 病毒通过鼻腔进入体内，在体内通过淋巴组织和血液传播。
- 一旦感染，将会出现很多种结果。那些有足够免疫应答的猫在被感染后会出现暂时性病毒血症，也称为原发性感染。他们体内的感染通常在16周内被清除。如果病毒传播至骨髓，将被称为继发性或者持续性感染。因为免疫系统无法抑制病毒，所以骨髓通常被称为"不归之路"，大多数猫会终身感染。

临床症状

- 该病的急性症状包括：发热、嗜睡、淋巴结肿大和血细胞减少症。
- 与持续感染有关的临床症状包括贫血（图3.2）、免疫抑制和肠炎。
- FeLV常见的肿瘤性疾病是淋巴瘤和白血病。
- 可能导致明显的神经症状，包括斜视（图3.3）、失明、后肢瘫痪、共济失调、抽搐和尿失禁。
- 免疫抑制的猫可能会出现并发感染或者继发感染。

诊断

- 实验室血液检查可能会有变化，但不能确诊该病（表3.2）。
- 用ELISA检测试剂盒对FeLV进行院内测试来检测病毒抗原。这种测试方法的优点是快速、简便、相对便宜。常用血液样本来做FeLV的ELISA测试，但也可使用唾液或眼部分泌物样本。这些测试主要是检测病毒，但不能区分是急性感染还是持续性感染。如果检测试剂盒的结果呈阳性，建议在3-4个月内对这只猫复检，以确认病毒是否已从体内清除（图3.4）。
- IFA检测需要使用血液样本并且依赖于参考实验室来完成。该方法可检测到进入骨髓的病毒，并可确定其存在持续感染。

治疗

- 目前尚无治愈FeLV的方法，特别是大多数病例在确诊时已发生持续性感染。
- 化疗和抗病毒治疗正在试验中，但根除病毒几乎是不可能的，尤其是在疾病晚期。
- 疾病管理包括避免应激、室内饲养且不接触传染源；避免饲喂生肉；绝育或者去势；以及定期免疫。应密切关注猫的继发性感染，如果发生继发性感染，应立即治疗。治疗方式应比治疗FeLV阴性猫更积极，且治疗时间应该更长。此外，每年应至少两次拜访兽医并进行复查，包括常规实验室检查。

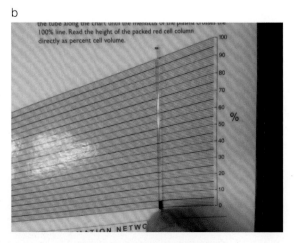

(a

b

图3.2　a. 贫血导致的黏膜苍白。b. PCV 5%符合贫血特征（图片由Amy Johnson和Bel-Rea动物技术研究所惠赠）

图3.3 与中枢神经系统功能障碍有关的斜视（图片由 Brandy Sprunger惠赠）

表3.2 FeLV / FIV实验室检查

血细胞计数变化	白细胞减少症
PCV/TP	贫血导致PCV降低 呕吐/腹泻引起血液浓缩
血液生化	与呕吐/腹泻/消耗导致的低血糖
电解质	脱水和厌食导致的电解质紊乱
尿液变化	反复发作的尿路感染

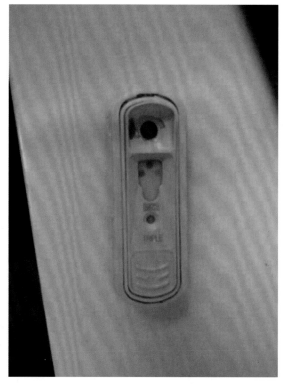

图3.4 IDEXX FeLV / FIV ELISA二合一检测呈阳性（图片由 Amy Johnson和Bel-Rea动物技术研究所惠赠）

客户教育和技术人员建议

> 技术要点 3.2：客户教育对于FeLV和FIV的疾病管理非常重要。客户依从性至关重要。

- 预防疾病传播的方法包括常规消毒，勤洗手，避免使用多剂量药瓶以及检测所有献血猫。只要有可能，通过使用一次性诊所用品也有助于消除污染。
- 隔离阳性猫很重要。这不仅能阻止疾病的传播，还能保护患猫脆弱的免疫系统远离继发感染。这些猫住院治疗时，它们不应被关在隔离病房，以免感染疾病。

- 尽管AAFP认为FeLV疫苗是非核心疫苗，但仍建议对具有高风险的猫进行免疫。这些猫包括可户外活动的猫、流浪猫、与感染猫共同生活且尚未感染的猫或感染状况不明的猫。此外，猫舍、收容所和多猫家庭中的猫具有较高的风险。然而，接种疫苗也存在风险，因此需要与具有决定权的动物主人进行讨论。尽管疫苗相关肉瘤的发生率很低，但仍需与动物主人就该风险进行讨论。

> 技术要点 3.3：猫在感染FeLV后的两个不同阶段均存在免疫功能低下的情况，且都具有传染性。

- 检测结果阳性并不意味着安乐死，在检测呈阳性

21

后，猫可能会战胜这种疾病。即使发展为持续性感染，猫也可以在恰当的管理之下获得良好的生活质量，生存数年甚至更长时间。

- 尽管没有证据表明这是一种人畜共患病，但由于可能发生人畜共患病的继发性感染，故不建议免疫力低下的人群饲养阳性猫。

猫免疫缺陷病毒或猫艾滋病

概述

　　像FeLV一样，猫免疫缺陷病毒（FIV，feline immunodeficiency virus）是世界上引起猫死亡的主要原因之一。两种病毒密切相关，FIV是逆转录病毒科的无囊膜RNA慢病毒。该病毒会引起骨髓抑制和免疫缺陷。与FeLV不同的是，猫无法抵抗这种病毒。这种致命的感染将持续终身。这种病毒在家猫和一些野生猫科动物中可见，亚临床潜伏期较长，可达数月甚至数年。FIV是一种不稳定的病毒，在环境中仅可存活几个小时。

传播

- 最常见的传播是经唾液和咬伤后的伤口感染。一旦病毒进入猫体内，它就会在T淋巴细胞中增殖并扩散到其他白细胞、淋巴结、唾液腺细胞和中枢神经组织。
- 母子传播虽然很少，但也有可能。传播可以通过产道或受感染母猫哺乳而发生。
- 其他可能的传播途径包括输血和性接触，尽管这些传播方法非常罕见。
- 污染物不大可能传播病毒，偶然接触患病猫而被感染的风险很小。
- 被感染的猫将终身阳性，成为病毒的宿主。年龄较大的公猫、野猫和放养的猫感染和传播疾病的风险最高。

临床症状

- 该病分为三个阶段，不同感染阶段所表现的症状不同。
- 急性期发生在暴露后4-6周，但常常不会被注意到。症状包括淋巴结肿大、细菌感染（通常是皮肤或胃肠道感染）、发热、淋巴细胞减少症和中性粒细胞减少症。在此阶段，病毒通过T淋巴细胞扩散到所有淋巴结。
- 在疾病的潜伏期，尽管可能会出现持续性淋巴结病，但大多数猫都会从最初的急性症状中恢复，并且看起来很健康。这个阶段可能持续数月至数年。
- 慢性感染阶段与严重的免疫抑制有关，会导致呼吸道、泌尿道、胃肠道和皮肤的继发感染。临床症状包括齿龈炎、口炎（图3.5）、腹泻、消瘦和贫血。
- 感染这种病毒的猫（尤其是小猫）可能发生肝性脑病。中枢神经系统症状包括抽搐、转圈、踱步和攻击性。
- FIV感染也可能导致视觉功能障碍。可能会出现前葡萄膜炎，视网膜出血或退化以及青光眼。

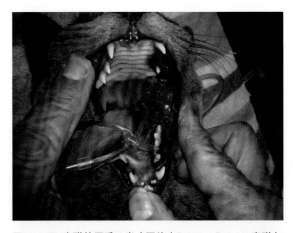

图3.5　FIV患猫的严重口炎（图片由Deanna Roberts惠赠）

诊断

- 临床症状、体格检查和疾病晚期病史以及血液学和血清学检查可能有助于疾病诊断，但不能确诊（参见表3.2）。
- 常用的院内ELISA检测可以帮助诊断。但是，这些检测的不足之处在于检测的是抗体。感染后的母猫和接种过疫苗的母猫所生的小猫中可能会出现假阳性。当母源抗体消失后应对这些检测结果阳性的小猫重新进行检测（图3.4）。
- 参考实验室检测包括IFA、PCR和蛋白质免疫印迹试验（western blot）。
- 初次感染后最多可能需要12周才能形成抗体，因此检测结果呈阴性的猫应在60d内复检。
- 在疾病的最早期，由于不能生成足够的抗体，可能使FIV检测结果呈阴性。

治疗

- 感染了FIV的猫，是无法治愈的。
- 治疗目的在于保护患猫的免疫系统。让猫避免应激、保持在室内生活和健康饮食至关重要。阳性猫应被绝育或去势，并遵循恰当的免疫程序。需密切监控继发感染，若发生继发感染，可能需要抗生素治疗。每年应至少两次拜访兽医并进行复查，包括常规实验室检查。
- 目前，几乎没有证据表明抗病毒药物对这种疾病有效。
- 严重的复发性口炎的患猫可能需要全口拔牙。

客户教育和技术人员建议

- 最好的预防方法是让猫在室内生活并远离阳性猫。在多猫家庭或猫舍引进新猫之前，建议动物主人先对新猫进行疾病筛查。

- 有一种用于FIV的非核心疫苗，但很少使用，因为它破坏了检测的有效性。

猫传染性腹膜炎

概述

　　猫传染性腹膜炎（FIP/FIPV，feline infectious peritonitis）是由冠状病毒引起的高度致死性疾病。在全球范围内，家养猫中FIP更为常见，而野生猫科动物则相对少见。虽然许多猫感染了冠状病毒，但很少会发展为FIP。该疾病被认为是由于肠道冠状病毒变异或者猫的免疫反应异常引起的。病毒毒力因致病毒株而异。尽管这种有囊膜病毒很容易被常规消毒剂杀灭，但病毒在环境中仍可存活4~6周。

传播

- 大多数情况下，病毒通过摄入或吸入的方式进入猫体内。病毒从粪便和唾液中排出，并通过猫–猫接触或污染物传播。
- 病毒最初在肠上皮细胞中增殖，然后通过白细胞转移至全身多个系统。可感染的器官包括肝、脾、肾、脑和淋巴结。
- 可发生血管内极端的炎症过程（extreme inflammatory process）。

临床症状

- 所有年龄段的猫都有感染的风险，但两岁以内的猫FIP患病率最高。该病最常见于来自猫舍的纯种猫，某些品种具有易感倾向。
- 急性期可能没有症状，也可能出现轻微的临床症状，包括发热、呼吸道症状和腹泻。这些猫中非常少的一部分会在暴露后数周到数年内发展为临床FIP。

- 猫的免疫反应在疾病的发展和临床表现中至关重要。FIP有两种类型：渗出（湿）型和非渗出（干）型。猫有可能出现两种类型的临床症状。

- 渗出型比非渗出型发展得更快。严重的血管炎会导致血浆和血浆蛋白漏入体腔；液体聚集在腹部和胸膜腔中。由于腹水，猫会出现腹围增大或呼吸困难的症状（图3.6）。

> **技术要点 3.4：**渗出型FIP比非渗出型病程发展得更快，被诊断出的概率也更高。

- 非渗出型的FIP倾向于慢性发展，表现非特异性的临床症状，如发热、嗜睡、厌食和体重减轻，也可能影响到眼睛和中枢神经系统。此外，还可以看到前葡萄膜炎、视网膜出血、失明和抽搐。对于某些非渗出型的病例，可能只观察到眼和脑部的疾病。

- 由于免疫系统试图清除病毒，因此腹部会出现脓性肉芽肿病变。这些团块会影响肠胃功能。

- 肝与膈膜、肠祥或其他肠道器官之间可能会形成粘连。在内部器官或局灶性坏死区域也可看到结节。

诊断

- FIP没有可靠的权威检测。问题在于检测无法区分肠道冠状病毒和FIP抗原，也不能区分它们所形成的抗体。抗体滴度或PCR阳性并不意味着猫患有临床FIP。通常在排除其他鉴别诊断后，根据出现的临床症状、体格检查和病史作出诊断。

- 渗出型的FIP，可以进行体液分析。通过腹腔穿刺或胸腔穿刺收集的液体一般是黏稠的，呈稻草色至黄色的液体。体液可能包含白色/灰色的渗出液。因为混合有炎性细胞，所以体液的比重和蛋白质浓度会增加（图3.6）。

- 实验室检查不能确诊，但有助于进一步诊断，并且对于非渗出型的FIP的诊断有帮助（表3.3）。

- 手术探查或尸检，结合肾盂肉芽肿病变的活检可以诊断FIP。

治疗

- 这种高度致命性疾病早先是无法治愈的，目前有特效药物可以用于临床治疗。渗出型比非渗出型

a

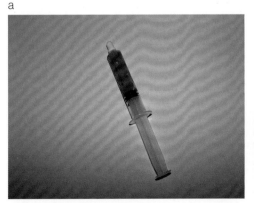

b

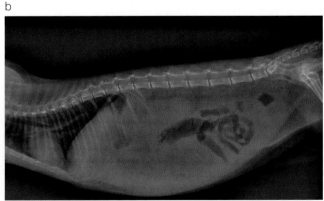

图3.6　a. FIP阳性猫的腹腔穿刺液（图片由Amy Johnson和Bel-Rea动物技术研究所惠赠）。b. FIP猫腹腔积液的X线片（图片由Kelly Melhorn惠赠）

表3.3　FIP实验室检查

全血细胞计数变化	白细胞增多症，尤其是中性粒细胞 非再生性贫血
PCV/TP	TP增加 贫血导致PCV降低
血液生化	肝、肾和胰腺功能异常
体液分析（渗出液）	无菌的 黏稠的 呈稻草色至黄色 比重增加（1.015–1.050） TP增加（5–12g/dL） 多种炎性细胞

发展更快，大多数猫在出现临床症状后数周至数月内死亡。非渗出型的症状更加隐蔽，在数月至数年中进展缓慢。

- 抗炎药、抗生素和免疫抑制疗法可增加猫咪舒适度，并可能略微延长其生存时间。
- 支持疗法可直接改善猫咪的生活质量。抽出腹部或胸部的液体可以暂时缓解症状，但液体会再次集聚。其他支持疗法包括良好的营养、输血和输液治疗。
- 当猫的生活质量下降时，应考虑安乐死。

客户教育和技术人员建议

- 虽然有一种针对FIP的预防性疫苗，但由于其缺乏有效性而很少被使用。有高感染风险的猫可进行疫苗接种，如猫舍、收容所或经常在户外活动的猫。
- 在多猫家庭和猫舍中，保持环境卫生和隔离患猫对于预防该病至关重要。

> 技术要点 3.5：虽然FIP是常见于纯种猫和猫舍的一种疾病，但家猫也可能会患病。

猫上呼吸道感染

概述

上呼吸道疾病是传染病中非常宽泛的分类，会引起猫眼和/或鼻分泌物和打喷嚏。由多种病原体引起的双重感染很常见。引起该病的两个主要病毒是导致猫病毒性鼻气管炎（FVR，feline viral rhinotracheitis）的猫疱疹病毒（FHV-1，feline herpesvirus）和杯状病毒科的猫杯状病毒（FCV，feline calicivirus）。可能引起该病的细菌病原还包括衣原体和支原体。这些细菌在环境中的生存能力因消毒剂而异，但大多数通常都很脆弱，最多可存活几天。潜伏期亦为2–10d不等。

传播

犬呼吸道感染的主要传播途径是气溶胶，但猫呼吸道疾病主要通过污染物进行传播。尽管呼吸道分泌物的气溶胶与疾病传播有关，但是猫与猫之间的直接接触也是一个因素。

> 技术要点 3.6：猫科动物上呼吸道感染的主要传播途径是污染物。

- 许多猫在康复后会成为呼吸道病原的携带者，可能长达数年之久，并成为感染的宿主。潜在的感染也是可能的。
- 在拥挤的环境中这种感染很常见，如收容所、猫舍或多猫家庭。

临床症状

- 呼吸道症状包括流鼻涕、鼻塞、打喷嚏、嗜睡和发热（图3.7）。

a

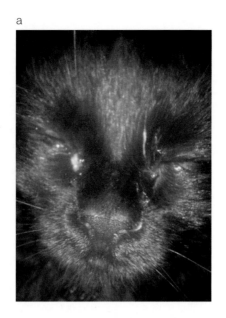

b

c

图3.7　a. 患FVR的猫（图片由Kaylee John惠赠）。b. 上呼吸道感染引起猫鼻和眼的脓性分泌物（图片由Deanna Roberts惠赠）。c. 患有严重上呼吸道感染的小猫（图片由Ashlyn Witte惠赠）

- 上呼吸道疾病的典型症状除呼吸系统症状外，还包括眼部症状，可见眼分泌物增多、溃疡和结膜炎。
- 这些患猫常常出现厌食，原因有两个：首先，无法闻到食物气味导致厌食。其次，呼吸道感染也会导致口腔溃疡，尤其是FCV，溃疡引起的疼痛可能导致厌食。患有口腔溃疡的猫会表现张嘴或唾液分泌过多（图3.8）。
- 严重患猫可出现呼吸困难、发绀和张口呼吸。
- 许多猫会出现慢性间歇性症状。

诊断

- 尽管仅根据临床症状很难区分病因，但大多数上呼吸道感染病例是根据临床症状、体格检查和病史来诊断的。

- 确诊可在参考实验室进行，但很少使用。
- 荧光染色技术可用于确认眼部溃疡。FVR溃疡往往有一种独特的树突状外观。如果猫存在眼部异常但无其他呼吸道症状，应怀疑存在衣原体感染。

治疗

- 除新生仔猫和老年患猫外，均预后良好。
- 严重病例需给予氧气治疗。
- 支持治疗包括使用输液治疗纠正脱水、使用抗生素进行治疗或预防继发性感染、清理眼鼻分泌物、缓解鼻塞和使用眼药膏。必须保证充分的营养，厌食的猫可能需要强饲或放置鼻饲管。
- 使用氨基酸补充剂L–赖氨酸辅助治疗非常普遍，可辅助控制疱疹病毒感染的临床症状。可在

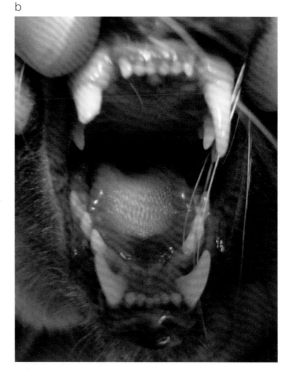

图3.8 a. FCV口腔溃疡引起的唾液分泌过多（图片由Amy McBurnie惠赠）。b. 由上呼吸道感染而引起的猫口腔溃疡（图片由Deanna Roberts惠赠）

慢性感染时长期使用或潜在感染暴发时使用。但该药的临床证据尚不统一，兽医对其使用仍存在争议。

兽医技术人员职责 3.2

用温水轻柔地擦拭分泌物以保持眼鼻清洁，可使患有上呼吸道感染的猫保持舒适和呼吸顺畅。

客户教育和技术人员建议

- 有可用于FVR和FCV的疫苗，这些疫苗被AAFP归为核心疫苗。此外，有一种针对猫支原体的疫苗，虽然它不是核心疫苗，但可用于高风险猫，如多猫家庭或生活在阳性环境中的猫。
- 其他预防措施包括良好的通风和卫生、隔离患猫并尽可能地清除污染物。
- 衣原体可能感染人，导致结膜炎。严格的个人卫生对于预防人畜共患病是非常必要的。
- 目前发现一种新型猫杯状病毒变异株，即强毒性全身性猫杯状病毒（VS-FCV, virulent systemic felinecalicivirus），现在已包含在某些疫苗中。VS-FCV可引起比普通杯状病毒更严重的呼吸道症状，并伴有血管炎、面部和下肢浮肿、脱毛和溃疡性皮炎。还可看到肺炎、肝坏死、瘀斑和出血。VS-FCV具有较高的发病率和死亡率，成年猫比幼猫检出率更高。

弓形虫病

概述

弓形虫病是全球性人畜共患传染病，由原生动物弓形虫引起。该寄生虫唯一确定的宿主是野生和家养猫科动物。这意味着尽管其他物种也会被感染，但猫是唯一会在粪便中排出感染性卵囊的物种。猫感染这种原虫后很少表现临床症状，但它们是重要携带者。人也可感染，特别是孕妇和免疫力低下的人群。怀孕期间感染刚地弓形虫会导致婴儿出现先天性缺陷。

> 技术要点 3.7：弓形虫病是动物和人类最常见的寄生虫病之一。尽管发病率很高，但任何物种感染后都很少表现临床症状。

传播

- 弓形虫是通过被感染的肉、乳制品、猫粪中的原生动物卵囊传播，或经胎盘从母体传至胎儿。
- 猫通过采食未煮熟的肉（通常是鸟类或啮齿动物的组织）而被感染，随后（3–10d）在粪便中排出卵囊。这些卵囊在进入环境几天后会变得具有传染性，并能在环境中存活数月至一年。
- 在有些猫体中，原生动物会通过肠壁移位至身体其他组织，从而引起组织囊肿和损伤。

临床症状

- 猫感染弓形虫后很少导致临床疾病。免疫功能低下的猫或新生仔猫，可能表现出与肠炎、心肌炎、肺炎、肝坏死、淋巴结病和脑炎有关的临床症状。临床症状包括厌食、嗜睡、发热、腹泻、呼吸困难、咳嗽、黄疸、癫痫发作及可能死亡。
- 人感染后可能表现出失明、耳聋、呼吸系统缺陷和中枢神经系统异常。在出生时患有先天缺陷的婴儿中，这些症状可能在出生时并不明显，但在数周、数月或数年后才会显现出来。

诊断

- 弓形虫病的临床症状非常不典型，因此无法根据临床症状进行诊断。

- 弓形虫抗体滴度检测可在人和兽医的参考实验室进行。孕妇可以带猫进行筛查，以减轻顾虑。当前没有感染且抗体检测呈阳性的猫不太可能具有传播疾病的风险；抗体检测阴性的猫应格外小心。女性也可以进行筛查。当前没有感染而抗体结果呈阳性意味着曾经有过感染，并且不存在将感染传递给胎儿的风险。
- 尸检时收集的组织可用于组织病理学检查。确诊取决于与弓形虫一致的组织病理学变化以及组织中存在寄生虫速殖子。
- 可以评估猫的粪便，寻找卵囊。但这通常不太可靠，因为它们看起来与其他寄生虫很像。

治疗

- 对于猫，很少需要治疗。如果需要治疗，可以使用抗生素联合抗寄生虫药物治疗。
- 人类需要咨询医生，以获取治疗和护理建议。

客户教育和技术人员建议

- 猫只在第一次接触病毒后才会传播卵囊。随后的接触不会构成威胁，猫一生只会感染一次，并且感染只持续几天。
- 严格生活在室内的猫患这种疾病的风险很小，因为它们没有机会捕猎传播这种疾病的动物。
- 猫的粪便是唯一具有传染性的分泌物。孕妇必须与粪便接触才会被感染，不会因为与猫的偶然接触而被感染。
- 怀孕或免疫力低下的人应避免清洁猫砂盆或处理猫的粪便。如果必须要处理需要戴手套，猫砂盆要每日清洁，并使用漂白剂和/或沸水对猫砂盆进行消毒，摘掉手套后立即洗手。
- 在北美，人们食用未煮熟的肉、饮用未经巴氏消毒的乳制品或食用未清洗的生蔬菜而感染弓形虫的风险要比直接从猫身上感染高。

- 为了保护人类免受感染而采取的其他措施包括禁止猫进入花园和儿童的沙盒，园艺作业时佩戴手套，以及让猫保持在室内生活并且远离野生猎物。

参考阅读

[1] Brooks, Wendy C., DVM, DABVP. "Feline Upper Respiratory Infections." VeterinaryPartner.com. November 15, 2011. http://www.veterinarypartner.com/Content.plx?P=A&A=613.

[2] Carlson, Delbert, DVM, DACVIM, and James M.Griffin, MD. "Healthy Cats." Cat Panleukopenia (Infectious Enteritis) Symptoms and Treatments. 2008. Accessed February 26, 2013. http://pets.webmd.com/cats/cat-panleukopenia.

[3] "CONSULTANTA Diagnostic Support System for Veterinary Medicine—Dr. Maurice E. White." Consultant. 2013. Accessed February 26, 2013. http://www.vet.cornell.edu/consultant/Consult.asp?Fun=Cause_2313.

[4] "Feline Immunodeficiency Virus (FIV)." November 15, 2006. Accessed February 26, 2013. http://www.vet. cornell.edu/fhc/brochures/fiv.html.

[5] "Feline Infectious Peritonitis (FIP)." April 8, 2008. Accessed February 26, 2013. http://www.vet.cornell.edu/fhc/brochures/fip.html.

[6] "Feline Leukemia Virus (FeLV)." February 2, 2009. Accessed February 26, 2013. http://www.vet.cornell.edu/fhc/brochures/felv.html.

[7] "Healthy Cats." Cat Upper Respiratory Infection Symptoms and Treatments. 2009. Accessed February 26, 2013. http://pets.webmd.com/cats/guide/ upper respiratory-infection-cats.

[8] "Healthy Cats." Feline Immunodeficiency Virus. Accessed February 26, 2013. http://pets.webmd.com/cats/feline-immunodeficiency-virus.

[9] "Healthy Cats." Feline Leukemia Virus (FeLV) Symptoms,Vaccine, Treatment. Accessed February 26,2013.http://pets.webmd.com/cats/ facts-about-feline-leukemia-virus.

[10] Kahn, Cynthia M. "Feline Infectious Diseases." In The Merck Veterinary Manual. Whitehouse Station, NJ: Merck, 2005.

[11] S herding, Bob, DVM, DACVIM. "Feline Immunodeficiency Virus: FIV." December 7, 2004.

Accessed February 26, 2013. http://www.vet.ohio-state.edu/ assets/pdf/education/courses/vcs724/ lectures/sherding/ fiv.pdf.

[12] "Toxoplasmosis in Cats." April 8, 2008. Accessed June 1,2013. http://www.vet.cornell.edu/fhc/ brochures/toxo .html.

[13] "Upper Respiratory Infection in Cats: Symptoms & Treatments: VCA Animal Hospitals." VCA Animal Hospitals. Accessed February 26, 2013. http://www. vcahospitals.com/main/pet-health-information/ article/animal-health/feline-upper-respiratory-infection/4102.

[14] Wolf, Alice, DVM, DACVIM, ABVP (Fe). "Feline Infectious Peritonitis." VeterinaryPartner.com. http:// www.veterinarypartner.com/Content.plx?P=SRC & S=1&SourceID=19.

第4章　狂犬病

狂犬病毒

狂犬病是兽医诊所所面临的重要疾病，也是一种法定免疫疾病。该病是一种人畜共患病，如不治疗，会引起死亡。客户对于狂犬病、狂犬病的传播方式及疫苗的合法性颇有疑问。其实，关于该病毒的大部分误解可以通过公众教育轻松解决，而兽医技术人员在其中扮演着重要角色。同时，兽医也需要了解如何保护自己与他人免受感染。

概述

狂犬病是所有哺乳动物的致死性疾病，由弹状病毒科、狂犬病毒属的子弹状RNA病毒引起。虽然病毒变异型可感染所有宿主，但狂犬病毒变异型仍然具有宿主特异性。北美大部分人感染病例属于蝙蝠型（图4.1）。宿主在世界各地不尽相同，在北美与疾病传播有关的物种包括蝙蝠、浣熊、野生犬科动物和鼬。

被感染动物的唾液中含有病毒，暴露于这种唾液可感染该病。病毒一旦进入体内，即通过外周神经转移到脊髓，最终到达大脑。进入大脑后，病毒沿外周神经返回唾液腺。一旦到达大脑，病毒会引起脑炎和大脑重要中枢功能不全。潜伏期因物种而异，短至一周，长达一年。

传播

- 狂犬病毒通过唾液、唾液腺以及神经组织传播。
- 虽然咬伤是最常见的传播方式，但也有非咬伤的传播方式。病毒可以通过唾液或神经组织传播，或通过抓伤、擦伤、开放性创口或黏膜传播。尽管病毒颗粒被雾化很罕见，但确实存在。
- 室温下，狂犬病毒可在干唾液中存活长达2h，在神经组织中存活24~48h。
- 病毒不会通过被感染动物的尿液、粪便、血液、乳汁或臭鼬雾传播。

临床症状

- 虽然不同物种感染后的临床症状不同，但大部分病例出现中枢神经系统功能不全、行为改变以及进行性瘫痪。疾病分三个阶段：前驱期、兴奋期/狂躁期、麻痹期/沉默期。
- 在前驱期，动物最先出现的是行为变化。此外，还可见瞳孔扩大以及瞬膜突出。主人会意识到动物不正常，认为动物"行为异常"或"不正常"。
- 狂躁期（也称兴奋期）的动物开始变得畏光且对外界刺激和声音高度敏感。此外，动物的攻击性

31

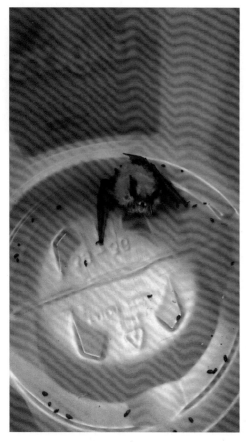

图4.1 患有狂犬病的蝙蝠（图片由Kristin Hebertson惠赠）

增强，同时出现无目的游走。处于此阶段的动物不再害怕其他动物和人类。

- 麻痹期（也称沉默期）会出现麻痹。动物可能出现共济失调、步态改变、昏迷。咬肌和喉部肌肉麻痹会让动物下颌下垂、导致多涎和吞咽障碍，使动物看似正在窒息（图4.2）。

- 随着麻痹进一步发展，动物在发病后7d内死亡。死亡通常发生在麻痹症状出现后的数小时内。

诊断

技术要点 4.1：无法在病例存活时准确或合法地检测狂犬病。诊断需在自然死亡或安乐死后进行。

- 安乐死的动物需完整地保留大脑，以供检测。
- 完整地将头部移除并递送至州指定实验室进行狂犬病检测。样本不可冷冻或使用化学方法保存，以免干扰检测过程。存疑的头部需要用双层袋子包裹并放在防泄漏容器中。运输过程需使用实验室特制的"生物危害/狂犬病样本"标签，由特定人员操作。

兽医技术人员职责 4.1

兽医技术人员会参与狂犬病样本的采集和递送。一些诊所把采集疑似样本的工作归为技术人员职责，但在其他诊所，该项工作由兽医在技术人员的协助下完成。样本收集后需进行恰当的包装并递送至州指定的实验室。

- 有两种检测方法。IFA检测脑组织中的狂犬病抗原，假阴性较少，因此是首选的检测方法。该方法可在临床症状出现之前得出阳性检测结果，同时所有阳性样本都将出现阳性检测结果。
- 组织病理学是另外一种方法。可以在脑组织的神经细胞中看到被称为内基氏小体（negri body）的胞内包含体（图4.3）。由于内基氏小体常在临床症状出现后形成，且并非所有物种都会出现，故这种方法可能会出现假阴性。

治疗

- 动物的狂犬病尚无批准的治疗方案。动物随着狂犬病的发展会自然死亡或安乐死。
- 暴露于狂犬病毒的人可以治疗。治疗方案被称为"暴露后预防"（PEP，post-exposure prophylaxis），包含两部分。第一部分，人二倍体细胞疫苗（HDCV，diploid cell vaccine）提供主动免疫。该疫苗通常是手臂肌内注射，在1个月内注射7次。第二部分是狂犬病免疫球蛋白

图4.2　晚期的狂犬病患犬［图片由美国疾病控制与预防中心的公共卫生图书馆 (www.cdc.gov)惠赠］

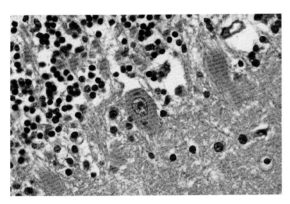

图4.3　神经细胞内发现的内基氏小体。在视野中央可见神经元中两个深染的包含体［图片由美国疾病控制与预防中心的公共卫生图书馆（www.cdc.gov)惠赠］

（RIG，rabies immunoglobulin）提供被动免疫。初次就诊时注射在咬伤部位，同时静脉注射。

技术要点 4.2：动物的狂犬病无法治疗。未免疫的动物暴露于狂犬病可导致死亡。

疾病预防与控制

- 免疫是家养动物预防狂犬病的最佳方式。其他疾病防控策略包括制定免疫法规、许可规定、清理流浪与遗弃动物、洲际与国际动物运输管理、限制与野生动物接触以及良好的兽医护理。

- 不同地区的暴露前免疫法规各不相同。建议要求所有的犬、猫和雪貂免疫。洲际间旅行的马需要免疫，但强烈建议所有马匹都接受免疫。牛和其他家畜根据经济状况与公共健康意义决定是否免疫。

- 疫苗需按说明书使用，不得对家养动物超说明书使用疫苗。肠外疫苗不允许用于野生动物。尽管动物暴露后超说明书使用疫苗无法提供有效保护，但在某些特定情况下基于公共健康意义考虑，地方政府可能会允许超说明书使用疫苗。

- 法规要求免疫必须由兽医完成或在兽医直接指导下完成。动物需在12~16周龄时进行初次免疫，并在1年后加强免疫。即使是成年动物也需在初次免疫后1年加强免疫。在部分地区，前两次免疫完成后可制定3年的免疫计划。

- 初次免疫后28d，抗体水平具有保护性。加强免疫后立刻出现抗体应答。

- 虽然各地狂犬病法规各异，但仍有世界卫生组织（WHO，World Health Organization）、疾病控制与预防中心（CDC，Centers for Disease Control and Prevention）和国家公共卫生兽医协会（NASPHV，National Association of State Public Health Veterinarians）等组织制定的建议和指南。

- 感染地区的狂犬病暴露定义为动物暴露于野生肉食动物或蝙蝠。即使这些动物无法检测，也必须假定其患有狂犬病，与其接触的动物被认为存在狂犬病暴露。

- 指南建议未免疫的家养动物发生狂犬病暴露后需安乐死。如果主人拒绝，根据有关规定，该动物需进行最长6个月的隔离。动物在隔离期内将会被密切观察，以确认是否出现狂犬病相关的临床症状。如果动物出现狂犬病的临床症状，动物需执行安乐死且送检头部。如果无临床症状，动物会在释放前30d注射疫苗。

- 如果暴露的家养动物已免疫，应当立即再次免疫，并密切监控45d。

- 如果人被咬伤，首先需要正确清理创口，最好用肥皂和水。水会冲走病毒颗粒，消毒剂可以杀死病毒。

- 如果人被家养动物咬伤，要基于动物的健康状况和免疫状态选择处理方法。如果动物健康且无神经功能障碍表现，需要观察10d。若动物患有狂犬病，咬伤即被视为临床表现。患病动物会在观察期内死亡。动物不可立即免疫/再免疫，因为免疫反应可能会混淆临床症状。

- 如果是被野生肉食哺乳动物或蝙蝠咬伤，需立即通知当地监管部门和医生。监管部门根据伤人动

物的种类、伤口周围的情况以及当地狂犬病的流行情况等因素决定是否有必要进行PEP。

客户教育与技术人员建议

> 技术要点 4.3：公众教育是控制狂犬病毒传播的关键。公众对狂犬病的了解越多，对相关法规的依从性就越好，也可更容易地控制疾病的传播。

- 并非所有接触都导致暴露。值得注意的是，需及时联系相关部门以确定后续治理方案。

- 动物可能在出现狂犬病症状前就具有传染性。但具体时间在不同物种之间存在差别，最长可在临床症状出现之前3d具备传染性。

- 处于疾病前驱期的动物对人类风险最大，尤其是兽医从业人员。此时已知动物感染，但动物尚未表现出特征性的临床症状。

- 对于表现出呼吸困难和神经症状的陌生动物，口腔检查过程需要戴手套。

- 虽然病毒没有猫型，但在美国，每年猫的病例报告数量多于犬。因此，对猫进行免疫非常重要。

- 抗体滴度检测不能替代免疫，即使抗体滴度足够的动物，也须按照免疫程序进行免疫。

参考阅读

[1] "Compendium of Animal Rabies Prevention and Control, 2011." Centers for Disease Control and Prevention. November 4, 2011. Accessed February 26, 2013. http://www.cdc.gov/mmwr/preview/mmwrhtml/ rr6006a1.htm.

[2] Kahn, Cynthia M. "Rabies." In The Merck Veterinary Manual. Whitehouse Station, NJ: Merck, 2005.

[3] "Rabies." Centers for Disease Control and Prevention. December 13, 2012. Accessed February 26, 2013. http://www.cdc.gov/rabies/.

第5章　胃肠道疾病

5

胃肠道（GI，gastrointestinal tract）系统的功能是帮助动物机体获取可利用的营养物质。GI是由特定器官构成的从口腔到肛门的连续性管道，同时，一些附属器官可以帮助食物进行物理分解和化学消化。GI疾病将会导致机体和细胞无法获取营养物质。常见的胃肠道疾病临床症状包括厌食、呕吐、反流、腹泻、脱水、里急后重和腹部疼痛；根据患病器官不同，出现的临床症状也不同。

口腔疾病

牙周疾病或牙周炎

概述

牙周疾病会侵袭牙齿周围的骨骼和牙龈，该病见于犬、猫。小型犬要比大型犬更容易患牙周炎。食物可能是引起牙周炎的主要因素。通常，在2-4岁时开始出现牙结石和牙龈炎，并渐进性破坏牙周韧带和骨骼。

临床症状

- 牙周袋加深和牙周韧带松弛会导致牙齿松动。
- 其他临床症状包括牙结石形成、牙龈炎、牙龈萎缩，可能出现骨丢失、口臭和口腔出血（图5.1）。

- 患有牙周疾病的动物可能出现害怕被触碰头部、吞咽困难、厌食和体重减轻。
- 如果未得到及时治疗，会导致牙齿脱落、牙根脓肿和明显的牙齿分叉。

诊断

- 根据临床症状、牙齿检查、牙科X线片以及测量到牙周袋加深（犬正常值为1-3mm，猫正常值为0-1mm）来诊断牙周疾病。

治疗

- 牙科预防对于治疗和可能的疾病逆转非常重要。

兽医技术人员职责 5.1

对于患有牙周疾病的动物，兽医技术员通常需要进行牙科预防和拍摄牙科X线片。更加激进的操作（如拔牙）则是兽医师的工作。

- 如果存在感染和炎症，可以给予抗生素。
- 根据疾病严重程度，可能考虑拔牙和植骨。
- 镇痛药物治疗对于保持动物舒适、能够进食而言非常重要，特别是对于严重的病例。

a  b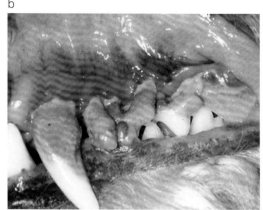

图5.1 犬严重的牙周疾病和牙结石堆积（图片由Deanna Roberts惠赠）

客户教育和技术人员建议

- 预防是任何牙齿疾病的关键。常规牙科检查、清洁和控制牙菌斑/牙结石是非常重要的。

> 技术要点 5.1：预防是处理牙科疾病的关键。

乳头状瘤或幼犬皮肤疣

概述

年轻犬的一种口腔良性肿瘤，被称作乳头瘤样增生。乳头状瘤是由乳多空病毒科的单链DNA病毒引起的口腔黏膜及其邻近皮肤发生的增生性团块。该病毒潜伏期为1~2个月。

传播

- 乳头状瘤通过犬的黏膜、污染物和玩耍直接接触传播。

临床症状

- 乳头状瘤是疣样团块，可发生于口腔任何部位。
- 根据位置不同，乳头状瘤可能引起吞咽困难和创伤，此二者可能引起出血。

诊断

- 大多数乳头状瘤通过口腔检查、临床症状和病史进行诊断。
- 需要通过活检和组织病理学来确诊。

治疗

- 这是一种自限性病毒，因为团块会自己消退，所以通常不需要治疗。
- 如果团块引起进食、咀嚼和吞咽困难，可能需要摘除。

齿龈瘤

概述

齿龈瘤是犬最常见的口腔良性肿物。该肿物有蒂，生长于齿龈表面，尽管拳师犬最常见，但齿龈瘤可见于任何品种和任何年龄的犬。引起齿龈瘤的原因未知。根据肿物起源的组织，齿龈瘤分为三种类型。纤维性齿龈瘤起源于齿龈边缘，质地光滑；骨化性齿龈瘤较前者严重一些，会侵袭其下面的骨骼；棘皮瘤性齿龈瘤是溃疡性的，位于下颌前部，起源于牙周韧带。

临床症状

- 齿龈瘤是生长于齿龈表面的质地坚实的团块，通常不会发生溃疡，除非是棘皮瘤性齿龈瘤。齿龈瘤看上去像是齿龈组织过度增生（图5.2）。
- 其他可能的临床症状包括疼痛、过度流涎、出血、牙齿排列异常、厌食和体重减轻。

诊断

- 口腔检查、表现出的临床症状、病史以及口腔X线片可以帮助建立初步诊断。
- 确诊需要活检和组织病理学。

治疗

- 治疗包括手术摘除以及可能需要对患部重塑。可能需要一并摘除下面的骨骼，特别是骨化性齿龈瘤和棘皮瘤性齿龈瘤（图5.3）。
- 放疗可以成功消融小的肿物，另外，化疗可能用于阻止肿瘤的扩散。

客户教育和技术人员建议

- 尽管一些类型比较难以治疗管理，但预后通常良好（图5.4）。

口腔黑色素瘤

概述

　　口腔黑色素瘤是指口腔黑色素细胞形成的肿瘤，生长迅速，具有局部侵袭性，并伴有早期转移。口腔黑色素瘤是犬最常见的口腔恶性肿瘤，而猫非常罕见。该肿瘤常发生于老年犬，雄性犬的发生率高于雌性犬。口腔黏膜色素沉着较多的犬，风险更高。引起口腔黑色素瘤的原因尚未完全了解，遗传性因素可能是病因之一。

图5.2 拳师犬的齿龈瘤（图片由Amy Johnson和Stephanie Asgaard惠赠）

a

b

图5.3 a和b分别为手术前后的齿龈瘤（图片由Kaylee John惠赠）

技术要点 5.2：黑色素瘤是最常见的犬口腔肿瘤，并且在所有口腔肿瘤中，预后最差。

临床症状

- 黑色素瘤为溃疡性，通常呈黑色的团块，但仍有部分黑色素瘤无黑色素或无着色。团块可能溃疡或坏死（图5.5）。
- 团块常常与齿龈组织相关，但部分肿瘤起源于颊黏膜或唇黏膜。

- 其他临床症状包括口臭、厌食和过度流涎。
- 与肿瘤转移相关的临床症状包括呼吸窘迫和面部或淋巴结肿胀。

诊断

- 口腔检查和临床发现黑色团块，可以提供初步诊断，但是无色素沉着的团块并无法排除黑色素瘤的可能。
- X线片或CT扫描颌骨可以帮助确认肿瘤是否侵袭其下面的骨组织。

a

b

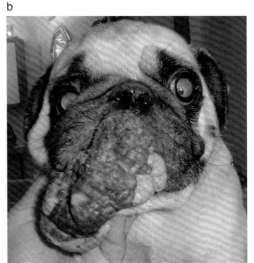

c

图5.4 巴哥犬严重的齿龈瘤。a、b. 手术摘除前。c. 手术后（图片由Chris Hedrick／北卡罗来纳州巴哥犬营救组织惠赠）

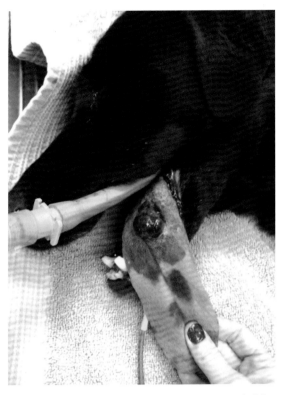

图5.5　舌部口腔黑色素瘤（图片由Deanna Roberts惠赠）

- 确诊需要依据活检和组织病理学结果（图5.6）。
- 当寻找转移的证据时，应对局部淋巴结进行穿刺抽吸，并拍摄胸部X线片（图5.6）。

治疗

- 犬黑色素瘤预后极差。当动物的生活质量受到影响时，主人可能选择放弃治疗，也可能选择实施安乐死。
- 肿物可以通过手术摘除，为了保证完全摘除，需要较大的切除范围。这往往意味着需要进行下颌骨切除术或上颌骨切除术。
- 化疗、免疫疗法或放疗可以与手术方法相结合，以延长存活时间。
- 一种新的治疗性疫苗已被允许与其他治疗方法相结合使用。该种疫苗目前只由兽医肿瘤专家提供。

客户教育和技术人员建议

- 不幸的是，黑色素瘤预后不良，长期存活率低。

a

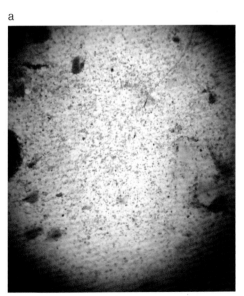

b

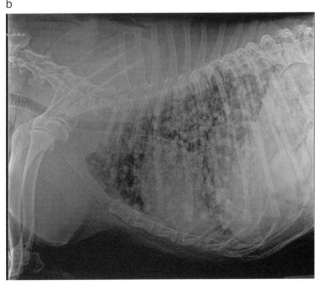

图5.6　a. 黑色素瘤细针抽吸（图片由Amy Johnson和Bel-Rea动物技术学院惠赠）。b. 胸部X线片显示肿瘤转移（图片由Deanna Roberts惠赠）

预后情况取决于肿瘤大小、位置和肿瘤的分级。诊断为黑色素瘤后，平均治疗存活时间为数月至一年，部分动物在激进的治疗后，能够多存活几年时间。

口腔鳞状细胞癌

概述

口腔鳞状细胞癌（SCC，oral squamous cell carcinoma）是犬、猫口腔肿瘤中具有高度侵袭性的一种肿瘤，其最常侵袭齿龈和舌头。鳞状细胞癌通常溃疡、发炎，并出现坏死。SCC是猫最常见的口腔肿瘤，往往发生于老年猫，并常被忽视，直到进行牙科手术时才发现。SCC发生的原因未知。

> 技术要点 5.3：SCC是最常见的猫口腔肿瘤。

临床症状

- 患有口腔SCC的猫通常在舌侧面或齿龈出现溃疡性病变，一些出现在舌下。
- 患有该肿瘤的犬，病变通常位于齿龈表面和一侧扁桃体。位于扁桃体处的肿瘤难以看到，但主人常会注意到患犬吞咽和呼吸困难。
- 肿瘤相关疼痛将会引起厌食、理毛困难、吞咽问题、口臭和过度流涎。

诊断

- 口腔检查和临床检查发现团块，将为初步诊断提供帮助。
- 确诊需要活检和组织病理学。
- 诊断性影像，包括X线片、CT扫描或MRI可以帮助确定肿瘤范围，并判断肿瘤下面的骨骼是否受到侵袭。

治疗

- 可以广泛性切除肿物，但常常复发。
- 不同化疗、放疗和抗炎药物的治疗方案鲜少成功。

客户教育和技术人员建议

- 猫SCC预后极差，治疗选择少。经治疗的猫咪，存活时间不足1年；未治疗的猫咪，存活时间更短。当生活质量下降时，必须考虑安乐死。
- 犬的齿龈肿瘤罕见转移，尽管扁桃体肿瘤常转移到局部淋巴结。
- 犬的预后取决于SCC的位置，齿龈肿瘤通常存活时间较长。手术摘除后，平均存活时间为1–2年。

口腔纤维肉瘤

概述

纤维肉瘤是一种起源于口腔纤维结缔组织的恶性肿瘤，见于犬、猫。纤维肉瘤具有很强的局部侵袭性，是猫第二常见的口腔肿瘤。肿瘤常见于老年猫以及小型至中型犬。大型犬中，肿瘤更常见于年轻犬。该肿瘤的发生原因未知。

临床症状

- 肿瘤位于齿龈或上腭，呈溃疡性病变。如果涉及上颌骨，眼睛下方可能出现明显的肿胀。这种肿胀可能会与齿根脓肿相混淆（图5.7）。
- 其他临床症状包括厌食、体重减轻、出血、口臭和吞咽困难。

诊断

- 口腔检查和临床检查发现团块，将为初步诊断提供帮助。
- 确诊需要活检和组织病理学。

图5.7　犬纤维肉瘤（图片由Emma Worsham惠赠）

> 技术要点 5.4：任何口腔肿瘤的最好诊断方法是通过活检和组织病理学。

- 诊断性影像，包括X线片、CT扫描或MRI可以帮助确定肿瘤范围，并判断肿瘤下面的骨骼是否受到侵袭。

治疗

- 手术摘除肿瘤需要大范围切除，通常需要进行半上颌切除术或半下颌切除术（图5.8）。
- 放疗和化疗可以与手术治疗相结合，但有证据显示，采取这种联合治疗方案有短期缓和性治疗效果，其后便起效甚微。

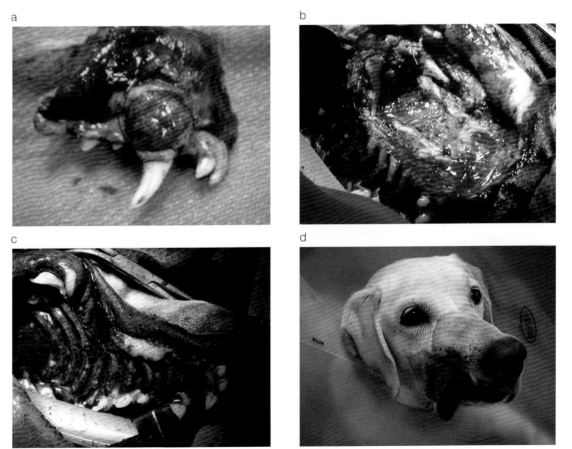

图5.8　a. 手术摘除纤维肉瘤。b. 摘除肿物后的手术部位。c. 结束时的手术部位。d. 动物恢复后（图片由Emma Worsham惠赠）

唾液腺黏液囊肿、涎腺囊肿或唾液腺囊肿

概述

　　涎腺囊肿是指由于唾液流动受阻导致唾液积聚在唾液腺、导管或皮下（SQ）组织，这些囊肿常发生于舌下唾液腺或导管。该病继发于创伤、梗阻性肿瘤，可能是自发性或特发性的。如果未得到及时治疗，这些囊肿会破裂或导致腺体损伤。

临床症状

- 涎腺囊肿通常见于颈部或舌下方，为单侧的非疼痛性肿胀（图5.9）。
- 该肿物外观上并不总是那么明显，但可能引起吞咽困难。

诊断

- 触诊肿物，并使用18-20G的针头细针抽吸进行诊断。抽吸物为黏稠的黏液，可能伴有血液污染。显微镜检查可见少量红细胞，其他细胞罕见（图5.10）。

治疗

- 治疗需要确定并解决原发病因，包括抗炎药物治疗或肿瘤摘除。
- 如果是特发性或治疗无效的，需要定期抽吸或手术摘除囊肿腺体。

客户教育和技术人员建议

- 这些唾液腺与下颌淋巴结相邻，因此，当出现异常时，需要鉴别两者。

> 技术要点 5.5：唾液腺囊肿极易与下颌淋巴结疾病相混淆。

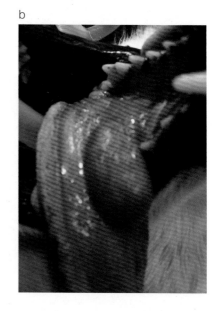

图5.9　犬舌下腺囊肿（图片由Amy Johnson和Bel-Rea动物技术研究院惠赠）

a

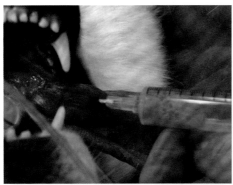

b

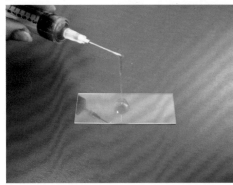

c

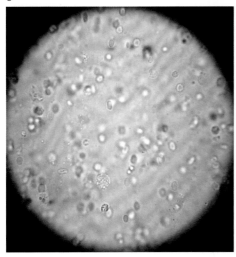

图5.10　a. 细针抽吸涎腺囊肿。b. 囊肿中抽出的液体。c. 显微镜检查抽出的液体，可见红细胞（RBCs）和白细胞（WBCs）（图片由Amy Johnson和Bel-Rea动物技术研究院惠赠）

食道疾病

食道扩张或获得性麻痹

概述

　　食道扩张是由于食道运动不足，导致摄取的食物运输异常。食物积聚在食道内会拉伸食道，引起食道扩张。该疾病见于犬、猫，可能为先天性或获得性的。以下这些品种犬似乎具有遗传倾向性，患食道扩张的风险较高，如大丹犬、爱尔兰猎、纽芬兰犬、迷你雪纳瑞、德国牧羊犬、沙皮犬和拉布拉多寻回猎犬。该疾病范围可能为节段性或广泛性，程度从轻度至重度。食道扩张起源于神经异常或肌肉异常或神经肌肉接头处异常。食道扩张也可能会继发于一些其他疾病，包括重症肌无力（图5.11），神经肌肉疾病或创伤，但大多数通常为特发性。

> 技术要点 5.6：食道扩张的严重程度在每个动物身上存在明显的个体差异。

临床症状

- 在先天性食道扩张中，当动物断奶，开始采食固体食物时，就开始出现临床症状。而获得性食道扩张中，临床症状可出现于任何年龄。
- 反流是食道扩张最常见的症状。反流的物质为食物混合着黏液，包裹成管状，看上去很像吃过的食物。

> 技术要点 5.7：反流是食道疾病最常见的症状。

- 反流增加了吸入性肺炎的风险。动物可能表现出呼吸系统感染的症状，呼吸困难、沉郁和发热。
- 其他临床症状包括生长发育不良和体型偏瘦/营养不良，但是动物的食欲旺盛。

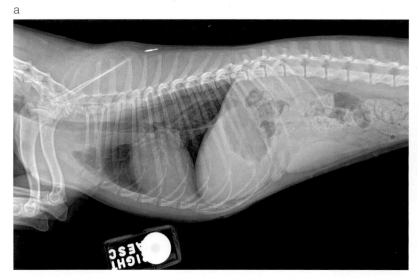

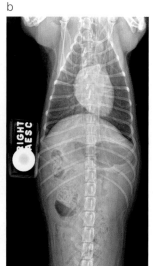

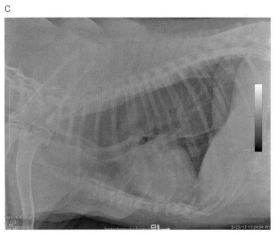

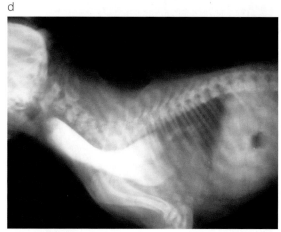

图5.11 犬食道扩张的X线片。a. 侧位。b. 腹背位（图片由Dawn Martin惠赠）。c. 继发于重症肌无力的犬食道扩张的X线片（图片由Dr. Robert Roy/棕榈滩兽医专家惠赠）。d. 犬食道扩张的造影X线片（图片由P. Fabian惠赠）

诊断

- 食道扩张的病史为与食物相关的反流。
- 体格检查可能发现体型小、偏瘦的动物具有吸入性肺炎的症状。
- 胸部平片或造影可以清楚地显示食道腔内的食物、液体或气体，通常可见食道扩张。X线透视检查和食道内镜检查也可用于观察管腔及其内容物（图5.11）。
- 如果怀疑是先天性疾病，针对原发性病因的检测比较有帮助。

治疗

- 如果可以，最好可以确诊和治疗原发病因。
- 尚未证实食道手术是非常有效的，但其可能是一些病例的选择。

- 保守治疗效果似乎不错。治疗目标是满足动物的营养需求，同时避免吸入性肺炎。治疗方法包括抬高饲喂、少量多餐，以及为动物制定特殊质地的食物（图5.12）。

客户教育和技术人员建议

- 预后取决于很多因素，包括食道麻痹的严重性、动物的营养水平和动物对治疗的反应。
- 该病仍然存在发生吸入性肺炎的风险。
- 一些病例的症状可能非常轻微，而未得到诊断。

食道梗阻或异物

概述

食道异物是摄入的外源性物质卡在食道内的结果。异物倾向于卡在扩张范围较小的部位，如胸腔入口、心基部和膈肌裂孔。相比于猫，该疾病更常见于犬。

> 技术要点 5.8：食道梗阻倾向于发生在扩张范围较小的部位。

临床症状

- 临床症状包括反流、干呕、过度流涎和吞咽困难。
- 在一些病例中，主人可能曾看到动物吞下异物。

诊断

- 诊断性影像，如胸部X线片（有或无造影），以及食道内镜，这些都可以用于观察异物。

治疗

- 需要取出异物。内镜是最好的方法，因为侵入性最小。可以实施手术，但因为术后恢复问题，预后谨慎。通常会避免食道手术，因为食道愈合不良，常常出现瘢痕组织，导致食道狭窄。

a

b

图5.12 食道扩张的患病动物通过叫作"贝利椅"的装置，进行站立饲喂（图片由Donna Koch惠赠，由Andy Patterson拍摄）

血管环异常或持久性右主动脉弓

概述

血管环异常（VRA，vascular ring anomaly）是一种出生即携带的遗传缺陷疾病，由胚胎右主动脉弓持续存在引起，也称作持久性右主动脉弓（PRAA，persistent right aortic arch）。胎儿时期，同时具有右主动脉弓和左主动脉弓，右侧在出生后会很快退化，而左侧会继续发展为主动脉。当右主动脉弓持续存在时，食道会被由右侧胚胎主动脉弓、主动脉、肺动脉和心基部组成的血管环包围。由于血管环的挤压，食道在摄取食物后无法正常扩张。当食物达到食道狭窄处时，就会积聚。该疾病见于犬、猫，但犬更常见。

> 技术要点 5.9：血管环异常是一种先天性疾病，临床症状会在幼年时出现。

临床症状

- 反流是VRA最常见的症状，并在断奶后开始出现。反流的物质为未消化的食物，外面包裹黏液。
- 尽管食欲旺盛，但患病动物通常消瘦，体型偏小。
- 因为反流，吸入性肺炎的风险较高，并且由于运动不足和食物积聚可能会继发性食道扩张。

诊断

- 诊断性影像，包括食道平片或造影X线片，会显示心基部前方出现食道挤压。摄入的食物留存在挤压处前方。

治疗

- 保守治疗包括站立饲喂，少量多餐和采食流质食物。

- 手术结扎血管和切除PRAA是唯一可以根治的方法。

客户教育和技术人员建议

- 预后不定，取决于营养不良的程度和继发疾病，如吸入性肺炎和食道扩张。
- 患病动物及其父母和同窝兄弟姐妹不应再继续繁殖。

胃食道反流

概述

胃食道反流是指由于下食道括约肌关闭不良，导致胃和十二指肠的内容物逆行流入食道。胃酸、胃蛋白酶、胆盐和其他胃液成分进入食道，引发食道炎。常见原因包括药物、慢性呕吐、先天性异常和裂孔疝。该疾病最常发生于括约肌还处于发育阶段的年轻犬，可能会随着动物成长而逐渐好转。

临床症状

- 反流物为部分消化的食物，消化程度与反流部位相关，另外，还可能包含胆汁和血液。因为动物躺下后，更容易发生反流，所以，反流情况会在深夜或凌晨更加严重。丢失营养物质可能导致体重下降。

> 技术要点 5.10：与其他食道疾病不同，胃食道逆行性反流与动物的姿势相关，而不是食物。

- 继发的食道炎会引起疼痛、不适、厌食和体重减轻。食道炎引发的不适也可能会导致呕吐。

诊断

- X线片可能显示裂孔疝或其他原发原因，但不会看到括约肌或食道炎。

- 食道内镜可以看到管腔内食道和括约肌的内表面。

治疗

- 症状轻微的病例可能对药物治疗有反应，包括抗酸药、止吐药和止痛药。促进胃肠道运动的药物会帮助增加胃排空和加强括约肌的力量。
- 裂孔疝需要手术修补。
- 通过手术使胃和食道的运动稳定，可能在一些病例中会有所帮助。
- 该病必须改善饮食。少量多餐低脂和低蛋白饮食，可以帮助改善反流情况。

客户教育和技术人员建议

- 一些患病动物会随着成长而逐渐痊愈，但大多数需要终身治疗。

胃部疾病

急性胃炎

概述

急性胃炎是指由于胃黏膜损伤引发的胃部急性炎症。胃黏膜损伤会导致胃内盐酸损害深层组织。这些组织的损伤也会刺激组胺释放，加剧胃内壁的破坏。胃炎的原因很多，饮食不当是最常见的原因。其他原因包括寄生虫、全身性病毒疾病、毒素、毒物、食物过敏和药物，特别是非甾体类抗炎药（NSAIDs，non-steroidal anti-inflammatory）。

临床症状

- 急性胃炎最常见的临床症状为突然呕吐。呕吐物可能包含胆汁、血液或黏液。
- 其他临床症状包括脱水、厌食、腹部疼痛、烦渴、异食癖、过度流涎、沉郁和黑粪症。
- 根据胃炎原因，可能出现发热。

诊断

- 主人可能会提供不当饮食或药物治疗的病史。
- X线片可能显示异物，但不会显示胃炎相关的组织损伤。
- 针对原发病因的检测包括粪便检查、病毒筛查、活检和细菌培养。
- 最后的选择是开腹探查。

治疗

- 解决原发病因，并使胃休息。患病动物禁食禁水一段时间，之后给予少量的水，再逐渐给予少量的清淡食物。清淡食物是指低脂、低纤维并且易于消化的食物。初期时，少量多餐喂食。
- 其他治疗包括抗酸、止吐、黏膜保护剂、止痛和抗生素。

客户教育和技术人员建议

- 需要小心使用NSAIDs，因为其对胃有刺激作用。

> 技术要点 5.11：NSAIDs治疗是胃炎和胃溃疡的常见原因。

- 宠主在使用人的非处方药之前，如胃肠用铋（Pepto-Bismol），应咨询兽医师。胃肠用铋可在犬上谨慎使用，但不能用于猫。

胃溃疡

概述

胃溃疡是指胃黏膜的侵蚀扩散到深层组织层。胃内盐酸和组胺会促使组织进一步损伤。溃疡为局限性侵蚀，边缘坚实凸出，呈火山口样外观。溃疡是一种慢性疾病，发生于胃黏膜受到破坏之后。病因可能包括慢性胃炎、细菌感染、应激、肝脏或肾脏疾病、肥大细胞瘤引起的组胺释放和一些药物。使用糖皮质激素和NSAIDs治疗是常见原因。细菌和应激并不认为是引起动物胃溃疡的主要因素，与人的胃溃疡不同。

临床症状

- 胃溃疡通常引起慢性呕吐，往往与喂食相关。呕吐物常含有血液，可能为鲜血或消化后的血液。
- 其他临床症状包括腹部疼痛、厌食、体重减轻和黑粪症。
- 黏膜苍白是与胃出血相关的贫血症状。

诊断

- 患病动物的用药史、表现的临床症状和体格检查是诊断胃溃疡的起点。
- 通过CBC、红细胞压积（PCV，packed cell volume）、总蛋白（TP，total protein）和RBC计数可见贫血和低蛋白血症，提示出血。
- 钡餐造影X线片可以显示钡餐勾勒的火山口样溃疡，在X线片上呈现白色区域。
- 内镜是最好的诊断工具，因为不仅可以看到溃疡，也可以获取活检样本。

治疗

- 最好在确诊并纠正潜在病因之后治疗胃溃疡。
- 治疗胃溃疡的药物包括抗酸剂、抗组胺药和黏膜保护剂。
- 患病动物可能需要通过手术切除受损的胃部组织。
- 对于胃穿孔的病例，需要立即进行手术治疗。
- 出现严重贫血的病例，可能需要输血。

客户教育和技术人员建议

- 预后取决于潜在病因和动物对治疗的反应。

胃肠道梗阻

概述

胃肠道梗阻是由于异物阻塞在胃部或肠道引起的，这些异物通常是动物经口食入的。相比于猫，该病更常见于犬，并且年轻动物出现饮食不慎的风险更高。

临床症状

- 临床症状取决于阻塞的持续时间、异物的类型和阻塞的程度。
- 呕吐是最常见的临床表现，可能伴有腹泻、腹痛、厌食、烦渴和脱水。
- 一些异物，如硬币或铅，会引起全身性中毒。

诊断

- 实验室血液检查，包括CBC、血液生化和电解质分析，可用于排除其他原因引起的呕吐。
- X线片可看到阻塞物。透射线物质需要造影才能看到。
- 内镜可以看到阻塞物。
- 胃肠道阻塞通常在开腹探查时才会知道具体的梗阻物（图5.13）。

图5.13　胃肠道异物开腹探查（图片由Kristen Mutchler惠赠）

治疗

- 在一些病例中，动物可以自行排出异物，无需手术。
- 只要异物在进入食道或口腔时对动物没有危险，

就可以通过催吐来排出异物。

- 一些异物可以通过内镜取出。
- 大多数病例需要开腹手术找到并取出异物（图5.14）。

a

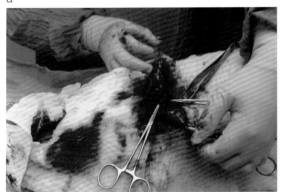

b

c

图5.14 a. 胃切开术取出异物。b. 从患犬胃中取出枕头填充物（图片由Kristen Mutchler惠赠）。c. 小猫玩具引起幼猫出现胃梗阻（图片由Amy Johnson惠赠）

幽门狭窄或慢性肥厚性胃病

概述

幽门狭窄是由于胃幽门部位阻塞性狭窄引起胃内容物潴留的一种疾病。这种狭窄可继发于肥厚性胃病或激素、神经学的功能失调。其在短头品种犬常为先天性疾病。

临床症状

- 幽门狭窄最常见的临床症状是断奶后开始出现的慢性呕吐。呕吐发生在进食后的几个小时内，可能为喷射状呕吐。呕吐物包括未消化至部分消化的食物，无胆汁或血液。
- 患病动物通常饥饿，但由于营养不良，往往体型瘦小。

诊断

- X线片会显示胃排空延迟。当仅使用钡制剂作为造影剂时，液体可以很容易通过胃部。但当钡制剂与食物混合后，X线片会显示幽门狭窄和胃潴留。
- 其他影像学技术，如X线透视检查和内镜，可以评估狭窄的程度和位置。

治疗

- 保守治疗包括改变动物饮食。少量多餐，流质食物和站立饲喂可以更好地促进胃排空。
- 根治疗法需要通过幽门成形术或幽门肌切开术来改造幽门的结构。
- 手术前后建议饲喂低脂易消化的食物。

客户教育和技术人员建议

- 整体预后良好，特别是早期诊断并给予纠正的病例。

胃扩张和扭转

概述

胃扩张和扭转（GDV，gastric dilatation and volvulus）是一种发生于犬，非常紧急且致命的疾病，需要立即就医施行手术。尽管经常被称为胃胀，但两种疾病之间有着明显的差异。胃胀是指气体、食物和/或液体积聚在胃里，无法通过食道或十二指肠排出。而GDV还包含胃部扭转，使胃内容物的排出更加困难，并阻塞血液流动。胃扩张通常先发生，之后才出现扭转。腹腔对横膈膜的压力会损害到机体的通气，引起低氧血症。静脉血回流减少，会引起低血容量性休克，导致多器官功能紊乱和死亡。GDV具有品种倾向性，好发于大型深胸犬，具体原因尚未完全理解。

> **技术要点 5.12：** 尽管存在品种倾向性，但GDV会发生于任何犬种。

临床症状

- GDV常见的临床症状是出现干呕的动作。患犬可能恶心或有呕吐动作，但没有呕吐物。另外，也会伴有过度流涎。
- 腹部膨胀鼓起，或拍打出现（图5.15）空洞的声音。
- GDV患犬不适，可见踱步、呻吟、变换姿势和伸直身体。
- 休克的症状包括呼吸困难或呼吸急促，黏膜苍白、脉搏虚弱、心率加快和毛细血管再充盈时间延长（CRT，capillary refill time）。
- 该病可能会导致DIC、电解质和酸碱紊乱。

诊断

- 品种、病史和临床表现可以为诊断提供帮助。
- X线片可见胃扩张，可能伴有扭转（图5.16）。

- 如果尝试放置胃管，当管子无法通过时，则怀疑肠扭转。

治疗

- 无论治疗的顺序如何，目的都是一样的。治疗目标是纠正血液循环休克、胃部减压，如果存在肠扭转，纠正肠扭转，并稳定动物状态。
- 胃部减压可以通过放置胃管（可能需要镇静）、临时胃切开术或套管针和手术减压实行。
- 通过胃管或手术使胃排空。
- 纠正肠扭转需要手术固定。另外，如果涉及脾脏，在手术时需要施行脾脏切除术。
- 完整的手术需要施行胃固定术，预防以后可能发生的肠扭转。
- 纠正血液循环休克和支持疗法包括氧气治疗、IV输液和药物治疗。另外，对于GDV患病动物，使用抗生素治疗内毒素血症，同时还有抗心律失常药物和抗酸药物。患病动物需住院监测和恢复，并持续观察是否再出现胃扩张。

兽医技术人员职责 5.2

当处理类似于GDV的急诊病例时，兽医技术人员需要对患病动物分诊，并快速进行体格检查，按照兽医师的要求尽快开始诊断和治疗。一旦开始治疗，技术人员需要可以同时完成多项事情，因为时间就是生命。

客户教育和技术人员建议

- 易发病倾向因素包括品种。大型深胸犬风险最高。尽管存在品种倾向性，但任何品种犬都会发生GDV。
- 摄取大量水或食物，特别是患犬曾剧烈运动过，认为是该疾病的风险因素之一。
- 其他理论包括海拔、应激和炎性肠病（IBD，inflammatory bowel disease）。

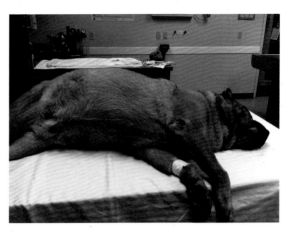

图5.15　GDV患犬腹部膨胀（图片由Aran Gallagher惠赠）

- 预防手段包括对好发品种施行预防性胃固定术、避免暴饮暴食、抬高饲喂、避免一次性大量饮水，并且运动前几小时内避免进食。

技术要点 5.13：GDV和"胃胀"之间的差异是：GDV病例会发生扭转。

肠道疾病

肠套叠

概述

　　肠套叠是指肠道的一部分逆转进入另一部分肠道，通常为近端部分套叠进入远端部分。随着时间流逝，近端肠道会在远端肠道内套叠的越来越深。该疾病是由肠道炎症和痉挛或肠道直径突然改变引起的。炎症和痉挛的原因包括异物、腹泻和寄生虫。直径改变出现在回盲肠交界处。

临床症状

- 临床症状取决于肠套叠发生的位置。
- 临床症状包括呕吐、厌食、里急后重、腹痛、腹泻和粪便带血。

诊断

- 在肠套叠的病例中，可能常常会在腹中部触诊到一圆柱样团块。

- X线片会显示在团块近端的肠道有气体积聚，而通常团块远端肠道空虚。造影会勾勒出阻塞部位。
- 超声可以看到肠道套叠处。

a

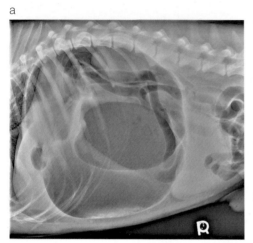

b

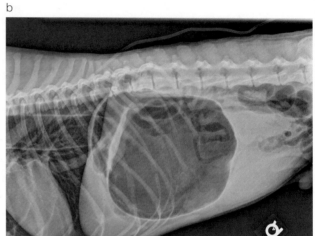

c

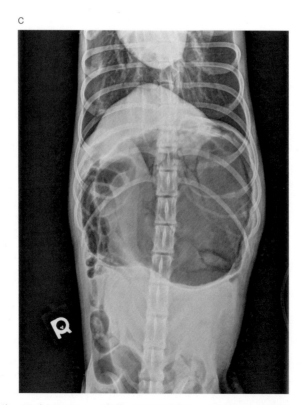

图5.16　GDV/胃胀动物的X线片。图a由Mike Sagaert惠赠；图b和图c由Brandy和Sprunger惠赠

治疗

- 一些病例可以通过腹部触诊解开套叠的肠管。
- 一些病例，肠管可能会自行解开。
- 大多数病例需要手术解开套叠。如果套叠肠道损伤严重，需要通过吻合术切除坏死组织。

客户教育和技术人员建议

- 预后不定，取决于剩余肠道的完整性、肠套叠发生的位置、复发概率和套叠持续时间。

线性异物

概述

　　线性异物是指由长形物体引起的异物阻塞，如线、丝带或橡皮筋。线状物的一部分会固定在近端胃肠道，通常在嘴里，位于舌下或牙齿之间（图5.17 a）。剩下的线状物进入肠道，并且肠道会在线状物周围形成皱褶。这种张力会导致胃和/或肠道组织的切割。胃和肠道穿孔会引起威胁生命的腹膜炎。由于这种异物的类型，猫更常诊断出该病，但犬也会有线性异物的问题。

临床症状

- 线性异物常见的临床症状与其他异物的症状相似：厌食、呕吐、沉郁、腹痛、腹泻和脱水。
- 穿孔会引起严重的腹痛、发热、呕吐和晕厥。

诊断

- 可能会在动物的嘴里发现线的固定点。
- X线片或超声会显示肠道呈扇状或手风琴样外观，伴有肠祥积气。

治疗

- 需要手术取出异物，并修复受损组织（图5.17b）。
- 腹膜炎的病例需要激进的抗生素治疗。

客户教育和技术人员建议

- 在线性异物的病例中，通常会看到线出现在动物口腔里或从肛门口伸出。需要注意的是，不要将线拉出，因为这种张力会导致胃肠道的损伤更加严重。

a
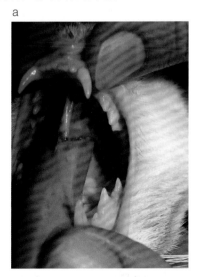

b
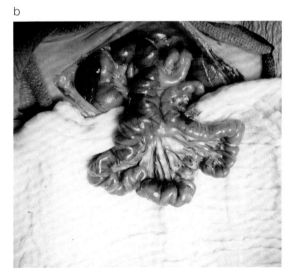

图5.17　a. 线性异物引起舌下撕裂伤（图片由Kristen Mutchler惠赠）。b. 通过开腹手术取出线性异物（图片由Dr. Rucker，DVM/Bel-Rea 动物技术研究所惠赠）

> 技术要点 5.14：需要注意的是，如果看到线性异物出现在动物嘴里或肛门，不要拉扯。这种操作引起的损伤是致命的。

炎性肠病

概述

炎性肠病（IBD，inflammatory bowel disease）是胃、小肠和/或大肠的一种慢性炎症疾病。该疾病尚未研究透彻，大多数病例被认为是特发性的。怀疑的因素包括食物过敏、自体免疫疾病、药物过敏、感染和遗传。

临床症状

- 该疾病最常见的临床症状是频繁腹泻。
- 其他临床症状包括慢性呕吐、厌食、体重减轻、黑粪症和腹部疼痛。

诊断

- 体格检查可能触诊到肠袢增厚。
- 除了低蛋白血症，其他实验室检查通常无明显变化。
- X线片可能显示肠道胀气和肠袢增厚。
- 内镜可以看到肠道内壁，显示炎性组织、颗粒化、糜烂和溃疡。
- 确诊需要内镜肠道活检，会显示炎性细胞浸润。

治疗

- 治疗目的是减轻炎症和免疫反应。动物治疗的目标是使其更加舒适、减轻临床症状、减轻炎症反应，并增加体重。
- 首先应尝试抗生素结合食物改变。食物应包含易消化的低敏蛋白、低脂和高纤维。
- IBD的治疗通常需要糖皮质激素减轻炎症，并结合其他免疫抑制药物来抑制免疫系统。

- 其他药物治疗包括抗组胺药和止痛药。

> 技术要点 5.15：IBD的治疗通常为保守治疗，因为潜在病因难以确诊和纠正。

客户教育和技术人员建议

- IBD是一种需要终生治疗的疾病。
- 预后取决于动物对治疗的反应。

巨结肠

概述

巨结肠是猫（特别是中年肥胖猫）出现的一种结肠异常扩张，伴有结肠迟缓的疾病。巨结肠会引起便秘或顽固便秘，导致威胁生命的紧急情况。任何结肠运动的功能失调都会引起并发症。运动改变会引发脱水、电解质异常、休克和器官功能失调。大多数病例是特发性的，尽管诱发因素包括阻塞，如毛球或骨盆损伤后导致的骨盆狭窄。一旦猫诊断为巨结肠，则很可能会复发。

临床症状

- 巨结肠的猫会在猫砂盆内或外面用力排便。鉴别里急后重和排尿困难非常重要。如果猫能够排出少量粪便，粪便可能是含有血液和黏液的稀便。也可能看到患猫随地排便。
- 其他临床症状包括不适、腹痛、沉郁、厌食和呕吐。一些病例中，呕吐物中可能含有粪便物质。

> 技术要点 5.16：巨结肠引起的排便困难必须要与排尿困难相鉴别。

诊断

- 病史、体格检查和临床表现可以帮助诊断。
- 腹部触诊疼痛，可触及结肠内较硬的粪结。
- X线片显示结肠内粪便团块，同时结肠扩张，结肠宽度大于一个腰椎的宽度（图5.18）。

治疗

- 首要的治疗是稳定患病动物。应重建液体、电解质和酸碱平衡。
- 需要灌肠来缓解便秘或顽固性便秘。一些动物可能需要镇静。

兽医技术人员职责 5.3

一旦巨结肠患猫病情稳定，常使用灌肠剂治疗缓解便秘/顽固便秘。该操作需要两个人进行（除非对猫进行镇静）。兽医技术人员可能需要进行灌肠操作或保定猫。

- 严重的病例可能需要手术取出粪便。
- 一些病例中，可能需要手术切除患病结肠。
- 有必要尽量延长复发间隔时间。长期护理的目标是增加排便频率，使粪便柔软，易于排泄。可以通过在家进行皮下补液、饲喂软食、给予粪便软化剂和加强肠道运动的药物，并定期灌肠。

客户教育和技术人员建议

- 通常需要终身治疗和管理。
- 对粪垫和由于腹泻引起的皮肤刺激进行密切监测，这对于帮助猫咪排便非常重要。
- 当在医院处理这些疼痛的患猫时，必须采取良好的保定。

肠道肿瘤

概述

尽管在所有的肿瘤中，只有一小部分是肠道肿瘤，但猫的小肠和犬的回肠、结肠会出现肿瘤。大多数具有恶性倾向。犬、猫可发生淋巴瘤、淋巴肉瘤、腺瘤、肥大细胞瘤（MCTs，mast cell

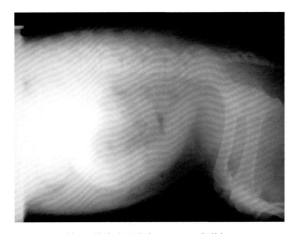

图5.18 巨结肠X线片（图片由P. Fabian惠赠）

tumors）和平滑肌肉瘤。猫淋巴瘤可能与FeLV感染相关，但也见于FeLV阴性的猫咪。另外，对于猫，严重的IBD和淋巴肉瘤之间可能存在关联。大多数诊断为肠道肿瘤的动物为老年动物。

临床症状

- 临床症状通常比较模糊，包括腹痛、ADR、贫血/低蛋白血症、呕吐/腹泻（V/D）、厌食和体重减轻。

诊断

- 尽管临床症状通常非特异性，但病史、临床表现和全身体格检查可以作为诊断的起点。
- 腹部触诊结合影像学诊断可能可以精准地找到腹部团块。
- 确诊需要通过内镜或开腹探查获取活检样本，进行组织病理学评估。

治疗

- 手术切除患病部位肠道。
- 化疗和放疗可能会增加治疗的成功率。

肝脏疾病

胆管肝炎

概述

胆管肝炎是胆囊、胆管和肝脏发生的严重炎性疾病。尽管胆管肝炎可见于犬，但猫更常见，分为化脓性（感染性）或非化脓性（非感染性）。诱发因素很多，包括寄生虫、来自胃肠道的上行性细菌感染、胆结石阻塞胆囊、IBD、胰腺炎、饮食不当和肿瘤。

临床症状

- 临床症状包括体重减轻、厌食、发热、黄疸（图5.19），呕吐/腹泻（V/D）、脱水、沉郁和浮肿、腹痛。
- 患病动物可能表现出肝性脑病的症状，包括抽搐、失明、共济失调和低头前冲。

诊断

- 血液生化、CBC、胆汁酸检测和尿液分析可以显示肝脏疾病和炎症（表5.1）。
- 诊断性影像，包括X线片和超声，可以评估肝脏、胆总管和胆囊。
- 确诊需要肝脏活检。可以通过超声介导或者开腹手术获取活检样本。肝脏通常肿胀和苍白。活检也可以用来确诊胆管性肝炎的类型，因为类型不同，治疗方法也不同。

治疗

- 大多数化脓性胆管性肝炎病例对抗生素治疗有反应。
- 非化脓性病例对糖皮质激素治疗有反应。
- 如果病例是阻塞性的，可能需要手术切开阻塞的胆管。

门体分流或门静脉短路

概述

门体分流（PSS，portal systemic shunt）是犬、猫最常见的血管异常疾病。来自门静脉的血液从肝脏分流或绕过肝脏，在过滤之前即回到腔静脉和心脏，这样没有经过肝脏处理的血液会直接返回循环系统。门体分流通常为先天性异常，但获得性门体分流见于慢性活动性肝炎和肝硬化。异常的分流血管可能位于肝内或肝外。胎儿时期，该分流血管的目的是绕过肝脏，但出生后，分流血管应萎缩，使血液可以流经肝脏。门体分流见于先天异常的犬猫，特别是纯种犬及雄性的喜马拉雅猫和波斯猫。然而，PSS也见于混种犬、猫，因为患病动物往往出生后就会出现异常，所以，通常在6月龄至1岁诊断。

临床症状

- 高蛋白饮食引起的血氨升高会导致肝性脑病，特别是餐后。临床症状包括抽搐、前冲、共济失调、昏迷和失明。

> 技术要点 5.17：由于血氨升高，门体分流的动物常见肝性脑病。

- 由于肝脏对营养物质吸收不良，先天性门体分流的动物通常体型偏小、发育迟缓、瘦弱。通常，PSS动物与同窝正常动物之间存在显著的体型差异。
- 患病动物麻醉苏醒缓慢，因为肝脏无法代谢这些药物。因此，通常在子宫卵巢切除术或睾丸切除术后诊断PSS。
- 其他临床症状包括呕吐/腹泻（V/D）、厌食、异食癖、PU/PD（犬和猫少见）、过度流涎、失明和过度嚎叫。

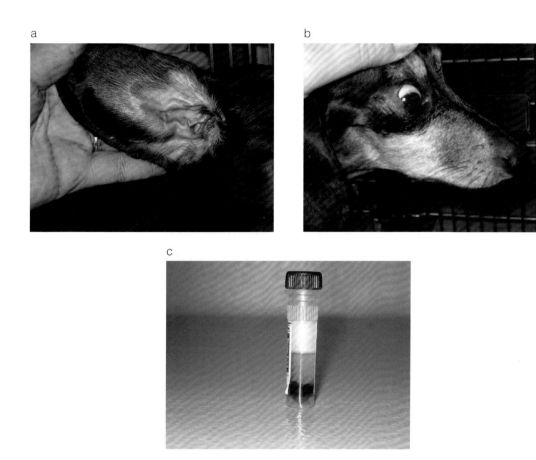

图5.19 a. 耳郭黄疸。b. 巩膜黄疸。c. 血清黄疸（图片由显微镜学习中心的A.K.Traylor，DVM惠赠）

表5.1 肝脏疾病的实验室检测

	胆管性肝炎	门体分流	猫脂肪肝
血细胞计数变化	可能出现炎性白细胞象	非再生性贫血 异形红细胞症 靶形红细胞 薄红细胞	非再生性贫血 异形红细胞症 应激性白细胞血象
PCV/TP	高胆红素血症		高胆红素血症
血液生化	肝酶升高 总胆红素升高 胆汁酸升高	血氨升高 BUN下降 低白蛋白血症 低胆固醇血症 肌酐下降	肝酶升高 低白蛋白血症 血氨升高
尿液变化	胆红素尿	重尿酸铵结晶	胆红素尿

诊断

- 血液生化、CBC和尿液分析会显示肝脏疾病（表5.1；图5.20）。
- X线片显示肝脏缩小，肾脏增大。
- 确诊需要借助数字影像的帮助，以评估血流信号。这些检测中，侵入性最小的是超声。其他诊断性影像技术包括核素显像和门静脉造影术。

治疗

- 通常在术前短暂使用药物治疗，用于稳定体况，但只是暂时性的保守治疗。治疗方法包括低蛋白饮食，以减少血液中氨的浓度。乳果糖（一种糖溶液）用于改变肠道pH，使肠道环境不利于正常菌群生长。这些细菌通常会产生毒素，需要肝脏代谢。如果乳果糖和低蛋白饮食无法控制临床症状，也可以使用抗生素来减少这些细菌数量。
- 手术结扎分流的血管可以治愈PSS。手术期间和术后，必须密切监测血压，因为分流血管闭合后，会引起门脉高压。一些患病动物因为高血压，可能无法完全闭合血管。一些病例中，血管部分结扎后，临床症状会得到解决；但其他病例可能需要再次手术，对血管进行全部结扎。其他手术并发症包括腹腔积液、血性呕吐/腹泻（V/D）、腹痛和黄疸。

客户教育和技术人员建议

- PSS预后不定。施行全部血管结扎，并存活至术后恢复期的动物，往往预后良好。其他影响恢复的因素包括诊断和治疗时动物的营养不良程度。

兽医技术人员职责 5.4

手术结扎治疗门体分流的不良反应之一是门脉高压。手术前后，兽医技术人员需密切监测动物。

猫肝脏脂质沉积或脂肪肝

概述

猫肝脏脂质沉积（FHL，feline hepatic lipidosis）是猫持续性厌食数天至数周发生的疾病，是猫最常见的肝脏疾病。饥饿时，机体代谢脂肪，并转移至肝脏产生能量，猫无法完全代谢脂肪，因此，就会引起甘油三酯在肝脏积聚，形成脂肪肝。该病常见于中年肥胖猫，因为肥胖猫要比瘦猫更容易动员脂肪。由于脂肪细胞无法完成肝细胞的工作，因此，脂肪积聚会导致胆汁淤积和肝衰。若未得到及时治疗，肝脏脂质沉积会存在生命危险。该病继发于任何会引起厌食的原因，包括全身性疾病、应激和疏忽，但通常是特发的。

技术要点 5.18： 肝脏脂质沉积是猫最常见的肝脏疾病，继发于任何引起厌食的原因。

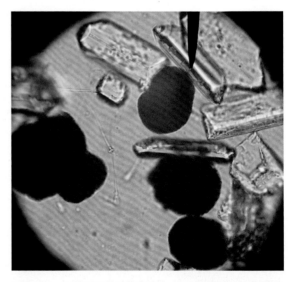

图5.20 一只患PSS的动物尿液中，可见重尿酸铵结晶和鸟粪石结晶（图片由Angela Taibo/Bel-Rea动物技术研究所惠赠）

临床症状

- 肝脏脂质沉积的动物通常存在厌食的病史。
- 临床症状包括呕吐/腹泻（V/D）、黑粪症、肝性脑病、黄疸（图5.21）、体重快速下降、沉郁和过度流涎。

诊断

- 厌食的病史和临床表现对于初步诊断非常重要。
- 血液生化、CBC和尿液分析结果显示肝脏疾病（表5.1）。
- X线片和超声显示肝脏肿大。
- 确诊需要活检。活检结果显示脂肪细胞浸润肝细胞。

治疗

- 治疗该病的关键是使猫恢复食欲。液体和营养支持非常重要，可能需要长期给予。另外，可能需要通过体外饲喂装置进行强制饲喂。在一些病例中，会给予动物食欲刺激剂。

兽医技术人员职责 5.5

为了使FHL患病动物尽快恢复，需要给予大量的营养物质，并刺激食欲。兽医技术人员不断试验猫咪喜欢的食物和讨厌的食物。如果这种方法无效，就需要强饲或通过体外饲喂装置饲喂。

- 纠正电解质和酸碱紊乱非常重要。
- 恢复期时，饲喂猫咪低脂和低蛋白的饮食。
- 肝脏脂质沉积诱发的呕吐会导致胃炎。胃炎的治疗包括止吐药、抗组胺药、抗酸药和胃黏膜保护剂。

客户教育和技术人员建议

- 如果诊断和治疗及时，尽管需要长时间治疗，但预后良好。一旦猫咪稳定，主人可以在家进行护理，包括强饲和皮下补液。

肝脏肿瘤

概述

原发性肝脏肿瘤并不常见，多为转移性肿瘤。肝脏可能发生的肿瘤类型很多，一些是良性的，一些是恶性的。原发性肝脏肿瘤最常见于老年犬、猫，相比于猫，犬更常见转移性肿瘤。肿瘤包括上皮癌、肉瘤、肝细胞腺癌和肝细胞上皮癌、胆管腺癌和上皮癌、血管肉瘤、平滑肌肉瘤、淋巴瘤和淋巴肉瘤。肿瘤可能由胰腺、甲状腺、乳腺、肠道和骨转移而来。肿瘤可能呈结节、弥散或多灶性分布。

技术要点 5.19：相比于原发性肝脏肿瘤，转移性肿瘤更常见。

图5.21 黄疸的猫（图片由Deanna Roberts惠赠）

临床症状

- 症状非特异性，与其他肝脏疾病的临床症状相似。
- 临床症状包括PU/PD、呕吐/腹泻（V/D）、体重减轻、厌食、肝性脑病，特别是抽搐、黄疸、出血、腹水（图5.22）和低血糖。

诊断

- 实验室检查结果符合肝脏疾病。
- 除了开腹探查，诊断性影像，包括X线片和超声，也可以找到肿瘤。
- 确诊需要活检和组织病理学。

治疗

- 如果只有一个肝叶受到侵袭，可以通过手术切除那部分肝叶。
- 如果多个肝叶受到侵袭或原发性肿瘤，没有有效的治疗方法。
- 一些类型的肝脏肿瘤会对化疗有反应。

胰腺疾病

急性胰腺炎

概述

　　急性胰腺炎是由于突发炎症，引发胰腺产生过量的消化酶，进而导致胰腺和腹部组织的自体消化。急性胰腺炎引起的组织损伤通常是可逆的。继发的并发症包括肝炎、肝胆阻塞、肾衰、DIC、多器官衰竭和死亡。由于这些并发症的严重性，急性胰腺炎应认真对待，并及时治疗。胰腺炎是犬、猫最常见的胰腺外分泌疾病，急性胰腺炎更常见于犬。具有品种倾向的犬包括雪纳瑞、迷你贵宾、可卡犬、约克夏獚、丝毛獚和非运动品种。患病动物通常为中年至老年，风险因素包括肥胖、饮食不

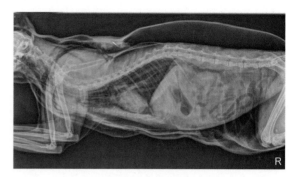

图5.22　X线片显示患肝脏疾病动物的腹水（图片由Kristen Mutchler惠赠）

当、特发性高脂血症、高脂饮食、甲状腺功能减退、库欣综合征、胃肠道感染和某些药物。

> 技术要点 5.20：急性胰腺炎会威胁生命，必须及时处理。

临床症状

- 临床症状包括呕吐、腹泻、厌食、腹痛、沉郁、虚弱、脱水和发热。

诊断

- 与风险因素相关的病史对于诊断急性胰腺炎非常重要。
- CBC和血液生化可以帮助诊断，但无法确诊（表5.2）。
- 淀粉酶和脂肪酶升高提示急性胰腺炎，但无法确诊。当升高超过正常值3倍以上，考虑胰腺炎。
- X线片对于胃肠道疾病的筛查非常重要，但无法确诊胰腺炎。
- 腹部超声要比X线片更有用。超声可以诊断急性胰腺炎，但未见异常时，也无法排除胰腺炎的可能。
- 犬/猫胰腺脂肪酶（cPL/fPL）ELISA检测是目前常用的检测方法，其可以特异性检测胰腺脂肪酶（图5.23）。
- 开腹探查可以确诊，特别是结合活检和细菌培

表5.2　胰腺炎的实验室检测

	急性胰腺炎	慢性胰腺炎
全血细胞计数变化	炎性白细胞血象伴有核左移的中性粒细胞增多症 贫血 血小板减少症	与急性相同
PCV/TP	由于贫血导致PCV下降 高胆红素血症 脱水导致血液浓缩	与急性相同
血液生化	胰酶指标升高 肝酶可能升高 氮质血症 高胆固醇血症 低血糖或高血糖	多变 胰腺和肝脏酶指标突然升高 损伤末期，胰酶指标下降
电解质	低氯血症 低磷血症 低钠血症	与急性相同

养，但该方法具有侵入性。胰腺呈颗粒样、结节状、囊状，发炎、红肿、坏死或出血。

治疗

● 动物仅需要短期内禁止经口饲喂（NPO），但不要太久（不超过24~48h）。尽早经口饲喂有利于预后，但饲喂时需控制呕吐，可能需要放置饲管。

● 稳定体况，重建液体、电解质和酸碱平衡至关重要。动物需要通过静脉补液恢复水合。

● 胰腺炎治疗过程中，疼痛管理也非常重要。

● 其他治疗药物包括抗胆碱能药物、抗生素和抗酸药。肝素和血浆可以用来预防DIC，一些高血糖的动物可能需要给予胰岛素。

客户教育和技术人员建议

● 长期护理包括低脂饮食、肥胖管理和控制其他疾

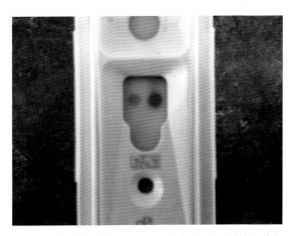

图5.23　胰腺炎动物，IDEXX cPL试剂板呈阳性（图片由BramdySprunger惠赠）

病。cPL/fPL可以用来定期监测动物。

慢性胰腺炎

概述

　　慢性胰腺炎是持续的炎性疾病，导致胰腺组织出现不可逆的损伤。一段时间后，损伤的胰腺组织会失去功能，导致无法分泌足够量的消化酶。慢性胰腺炎可能为原发的胰腺疾病或继发于全身性疾病，见于犬、猫。继发的并发症包括胰腺外分泌不足（EPI, exocrine pancreatic insufficiency）、急性发作和糖尿病（DM, diabetes mellitus）。

> 技术要点 5.21：慢性胰腺炎通常会导致其他的胰腺疾病。

临床症状

● 临床症状通常是间断性和轻微的，常常被动物主人忽视，而急性胰腺炎则易于识别和诊断。

● 慢性胰腺炎急性发作的表现与急性胰腺炎相似。

● 随着疾病持续发展，消化酶产生减少，动物会出现EPI相关的临床症状。

诊断

- 急性胰腺炎或其他胰腺炎风险因素相关病史对于诊断胰腺炎非常重要，因为临床症状通常比较模糊。
- 诊断性检测取决于组织损伤的程度，然而通常符合急性胰腺炎或EPI和DM的检测结果（表5.2）。

治疗

- 治疗需要根据组织损伤的程度，然而，通常同急性胰腺炎、EPI或DM的治疗方法相一致。
- 患病动物需要改变饮食，特别需要低脂饮食，并应密切监测。应进行肥胖管理，如果是药物引起的胰腺炎，应选择其他替代药物。

客户教育和技术人员建议

- 因为急性和慢性胰腺炎之间的界限难以区分，所以，鉴别两者的意义不大。动物对症治疗即可。

胰外分泌不足或胰腺消化不良

概述

EPI是指胰腺消化酶分泌不足，导致营养物质无法完全消化和吸收。未消化的食物积聚在肠道中，就会导致细菌过度增殖，从而使病情进一步恶化。EPI需要终身治疗，相比于猫，犬更常见。EPI最常诊断于德国牧羊犬和粗毛柯利犬。相关的病因包括胰腺发育不良、肿瘤、犬特发性腺泡细胞萎缩和猫慢性胰腺炎。

临床症状

- EPI最常见的临床症状是多食，但体重仍显著下降。除此之外，动物往往精神良好。
- EPI患病动物的大便要比正常动物的大便量多、油腻、松散、苍白和恶臭。动物可能由于过度饥饿而出现异食癖。
- EPI患病动物由于营养不良，易出现皮肤问题，毛发较差。动物可能看上去比较油腻，特别是会阴部位，因为排便时，未消化的脂肪会粘在皮肤和毛发上。

诊断

- 可在院内进行粪便检查，寻找粪便中未消化的食物残渣和胰蛋白酶，但这种检查通常并不可靠。
- 确诊需要送检参考实验室，进行胰蛋白酶样免疫反应性（TLI，trypsin like immunoreactivity）检测。

治疗

- EPI患病动物需要随食物补充胰酶，补充的酶可以帮助机体消化食物。大多数的酶补充剂来源于脱水的猪胰腺，尽管也存在植物制品。
- 患EPI的动物应给予低脂饮食。

客户教育和技术人员建议

- 胰酶必须随餐服用，否则动物无法吸收食物中的营养物质。建议在餐前20–30min给予胰酶。
- 胰酶制剂有多种形式，证据表明，粉末状的胰酶制剂效果最好。
- 胰酶制剂昂贵，并需要终身服用。
- 由于胰腺损伤，糖尿病可能与EPI同时发生。
- 诊断过程中，鉴别消化不良和吸收不良非常重要。两者的临床症状相似，但却是完全不同的疾病，伴随完全不同的治疗方法和预后。吸收不良是指动物具有足够量的酶消化食物，但机体无法将消化后的产物吸收到血液循环中。

胰腺肿瘤

概述

胰腺肿瘤可能是原发性肿瘤或由其他部位转

移的继发性肿瘤。原发性肿瘤包括良性肿瘤，如胰腺腺瘤和胰腺结节增生、恶性胰腺腺癌或胰岛素瘤（猫）。腺癌是犬、猫最常见的胰腺肿瘤。

临床症状

- 临床症状模糊，通常会与胰腺炎相混淆。这些临床症状包括发热、黄疸、体重下降、呕吐和腹痛。
- 胰岛素瘤会引起严重的低血糖，导致突然晕倒、极度虚弱和沉郁。

诊断

- 除了胰岛素瘤，其他肿瘤的生化指标和CBC通常是非特异性的，前者会出现严重的低血糖。
- 影像学是较好的诊断工具，尽管X线片通常意义有限。超声可以提供更为确定的诊断，另外，超声也可以帮助获取活检样本。
- 最终确诊通常需要开腹探查。
- 许多病例是在死后剖检时确诊。

治疗

- 因为治疗方法有限，所以胰腺肿瘤通常预后谨慎。
- 如果可以，应手术摘除肿瘤。
- 放疗和化疗成功率很低。
- 抗生素和抗炎药物可以用来减轻炎症和相关的临床症状。
- 胰岛素瘤对类固醇结合化疗的治疗方法反应良好。控制血糖非常重要。

参考阅读

[1] "AAHA-Accredited Veterinary Hospital Quick Search." AAHA Healthy Pet. Accessed February 26, 2013. http://www.healthypet.com/PetCare/PetCareArticle.aspx?title=Feline_Hepatic_Lipidosis.

[2] Applewhite, Aric A., DVM, DACVS, and William R. Daly, DVM, DACVS. "ACVS—Intussusception." ACVS—Intussusception. October 1, 2011. Accessed February 26, 2013. http://www.acvs.org/animalowners/healthconditions/smallanimaltopics/intussusception/.

[3] "Canine Oral Papilloma Virus Diagnosis." VetInfo. Accessed February 26, 2013. http://www.vetinfo.com/canine-oral-papilloma-virus-diagnosis.html.

[4] "Canine Viral Papillomas." June 20, 2012. http://www.marvistavet.com/html/body_canine_viral_papillomas.html.

[5] Coyle, Virginia J., DVM, DACVS, and Laura D. Garrett, DVM, DACVIM (oncology). "Finding and Treating Oral Melanoma, Squamous Cell Carcinoma, and Fibrosarcoma in Dogs—Veterinary Medicine." *Veterinary Medicine (DVM 360)*, June 1, 2009. Accessed February 26, 2013. http://veterinarymedicine.dvm360.com/vetmed/ArticleStandard/Article/detail/601624.

[6] "Dog Acid Reflux." Accessed February 26, 2013. http://www.petmd.com/dog/conditions/digestive/c_multi_gastroesophageal_reflux.

[7] "Enzyme Replacement Therapy for EPI." Accessed February 26, 2013. http://www.petmd.com/dog/wellness/evr_multi_ezyme_replacement_therapy_for_epi.

[8] "EPI Exocrine Pancreatic Insufficiency Managing EPI." http://www.epi4dogs.com/tli.htm.

[9] "Epulis: A Common Oral Tumor." *Veterinary Medicine (DVM 360)*. http://www.peteducation.com/article.cfm?c=2+2089&aid=3057.

[10] Ewing, Tom. "College of Veterinary Medicine—Cornell University." Cholangiohepatitis. January 26, 2011. Accessed February 26, 2013. http://www.vet.cornell.edu/fhc/healthinfo/Cholangiohepatitis.cfm.

[11] "Fatty Liver Disease in Cats." Accessed February 26, 2013. http://www.petmd.com/cat/conditions/digestive/c_ct_hepatic_lipidosis.

[12] Foster, Race, DVM, DACVS. "Pyloric Stenosis: A Cause of Vomiting in Dogs." Peteducation.com.

[13] "Gastritis in Dogs." Inflammation of Stomach in Dogs. Accessed February 26, 2013. http://www.petwave.com/Dogs/Dog-Health-Center/Digestive-Disorders/Gastritis.aspx.

[14] "Healthy Dogs." Dog Stomach Ulcers: Symptoms, Causes, and Treatments. Accessed February 26, 2013. http://pets.webmd.com/dogs/dog-stomach-ulcers.

[15] "Healthy Dogs." Dog Vomiting, Dog Acute Gastritis, Chronic Gastritis Symptoms and Treatment.

Accessed February 26, 2013. http://pets.webmd.com/dogs/dogs-acute-gastritis-severe-vomiting.

[16] Hills Pet Nutrition. Hepatic Neoplasia. 2011. http://www.hillsvet.com/pdf/en-us/hepaticNeoplasia_en.pdf.

[17] "Hours of Operation." Becker Animal Hospital. December 13, 2011. Accessed February 26, 2013. http://www.beckeranimalhospital.com/2011/12/oral-tumors-fibrosarcomas-and-related-tumors/.

[18] IDEXX Laboratories. A Comparison of Pancreatitis in Canine and Feline Patients. IDEXX Laboratories, 2012. http://www.idexx.com/pubwebresources/pdf/en_us/smallanimal/practice-management/steps/steps-fph-article.pdf.

[19] IDEXX Laboratories. Treatment Recommendations for Feline Pancreatitis Patients. IDEXX Laboratories, 2011. http://www.idexx.com/pubwebresources/pdf/en_us/smallanimal/reference-laboratories/spec-fpl-treatment-for-feline-pancreatitis.pdf.

[20] "Inflammatory Bowel Disease (IBD) in Dogs and Cats." Vetstreet. December 8, 2011. Accessed February 26, 2013. http://www.vetstreet.com/care/inflammatory-bowel-disease-ibd-in-dogs-and-cats.

[21] Kahn, Cynthia M. "Small Animal Gastrointestinal Disease." In *The Merck Veterinary Manual*. Whitehouse Station, NJ: Merck, 2005.

[22] Lee, David. "Acute Gastric Dilatation-Volvulus in Dogs." Summer 2005. https://www.addl.purdue.edu/newsletters/2005/Summer/canine-acd.htm.

[23] "Liver Cancer (Hepatocellular Carcinoma) in Dogs." Accessed February 26, 2013. http://www.petmd.com/dog/conditions/cancer/c_dg_liver_cancer.

[24] Marretta, Jennifer J., DVM, DACVS, Laura D. Garrett, DVM, DACVIM (oncology), and Sandra Manfra Marretta, DVM, DACVS, DAVDC. "Feline Oral Squamous Cell Carcinoma: An Overview—Veterinary Medicine." Feline Oral Squamous Cell Carcinoma: An Overview. Accessed February 26, 2013. http://veterinarymedicine.dvm360.com/vetmed/Medicine/ArticleStandard/Article/detail/433715.

[25] Marsolais, Greg, DVM, DACVS. "ACVS—Gastric Dilatation/Volvulus." October 1, 2011. Accessed February 26, 2013. http://www.acvs.org/animalowners/healthconditions/smallanimaltopics/gastricdilatationvolvulus/.

[26] Marsolais, Greg, DVM, DACVS. "ACVS—Gastrointestinal Foreign Bodies." October 1, 2011. Accessed February 26, 2013. http://www.acvs.org/animalowners/healthconditions/smallanimaltopics/gastrointestinalforeignbodies/.

[27] Marsolais, Greg, DVM, MS, DACVO. "ACVS—Health Conditions." Accessed February 26, 2013. http://www.acvs.org/AnimalOwners/HealthConditions/index.cfm?ID=2882.

[28] "Megaesophagus." Vetstreet. December 11, 2011. Accessed February 26, 2013. http://www.vetstreet.com/care/megaesophagus.

[29] Mitchell, Susan, DVM, DACVS. "ACVS—Portosystemic Shunts (PSS)." February 19, 2009. Accessed February 26, 2013. http://www.acvs.org/AnimalOwners/HealthConditions/SmallAnimalTopics/PortosystemicShunts(PSS)/.

[30] Morgan, Jessica A., DVM, PhD, and Lisa E. Moore, DVM, DACVIM. "A Quick Review of Exocrine Pancreatic Insufficiency." *Veterinary Medicine (DVM 360)*. Accessed September 1, 2009. http://veterinarymedicine.dvm360.com/vetmed/ArticleStandard/Article/detail/622458.

[31] "Mouth Cancer (Gingiva Fibrosarcoma) in Dogs." Accessed February 26, 2013. http://www.petmd.com/dog/conditions/cancer/c_dg_fibrosarcoma_gingival.

[32] "Narrowing of Pyloric Canal in Dogs." Accessed February 26, 2013. http://www.petmd.com/dog/conditions/digestive/c_dg_pyloric_stenosis.

[33] "Pancreatic Cancer (Adenocarcinoma) in Dogs." Accessed February 26, 2013. http://www.petmd.com/dog/conditions/cancer/c_dg_adenocarcinoma_pancreas.

[34] "Pancreatic Cancer in Cats." Accessed February 26, 2013. http://www.petmd.com/cat/conditions/cancer/c_ct_insulinoma.

[35] "Pancreatic Tumors: VCA Animal Hospitals." Accessed February 26, 2013. http://www.vcahospitals.com/main/pet-health-information/article/animal-health/pancreatic-tumors/469.

[36] "Persistent Right Aortic Arch (Vascular Ring Anomaly)." Accessed February 26, 2013. http://ic.upei.ca/cidd/disorder/persistent-right-aortic-arch-vascular-ring-anomaly.

[37] "Persistent Right Aortic Arch (Vascular Ring Anomaly) in Dogs and Cats." Vetstreet. December 11, 2011. Accessed February 26, 2013. http://www.vetstreet.com/care/persistent-right-aortic-arch-vascular-ring-anomaly-in-dogs-and-cats.

[38] Rest, Joan, BVSc, PhD, MRCPath, MRCVS. "Oral Tumors—Fibrosarcoma: VCA Animal Hospitals."

Accessed February 26, 2013. http://www.vcahospitals.com/main/pet-health-information/article/animal-health/oral-tumors-fibrosarcoma/453.

[39] Tobias, Karen, DVM, DACVS. "Portosystemic Shunts." FAQ. Accessed February 26, 2013. http://www.vet.utk.edu/clinical/sacs/shunt/faq.php.

[40] Tobiassen Crosby, Janet, DVM. "Epulis—a Common Growth in Dog Mouths." About.com Veterinary Medicine. Accessed February 26, 2013. http://vetmedicine.about.com/od/diseasesandconditions/f/Epulis.htm.

[41] Tobiassen Crosby, Janet, DVM, DACVS. "Glossary Term: Linear Foreign Body." About.com Veterinary Medicine. Accessed February 26, 2013. http://vetmedicine.about.com/od/terminology/g/G_linearfb.htm.

[42] Welton, Roger L., DVM, DACVS. "Cholangiohepatitis." Web DVM. September 15, 2012. Accessed February 26, 2013. http://web-dvm.net/cholangiohepatitis.html.

第6章 泌尿道疾病

6

泌尿道包括与尿液生成和排出相关的器官：肾脏、输尿管、尿道和膀胱。这些器官在排出代谢副产物和其他代谢废物，调节水分平衡、红细胞生成和血压的过程中起到了关键作用。尽管有些泌尿道疾病不严重，但是当这些重要的功能受到牵连时，动物仍然有可能面临生命危险。

细菌性膀胱炎或泌尿道感染

概述

细菌性膀胱炎是指由于微生物引起的膀胱炎症与感染。

临床症状

- 临床症状包括多尿、尿频、血尿（图6.1）和排尿困难。
- 动物还会表现出异位排尿、用力排尿和过度舔舐泌尿生殖区域。
- 有时可见动物排尿疼痛或后腹部触诊疼痛。

诊断

- 尿液分析能够显示出与泌尿道感染一致的诊断依

据（图6.2、表6.1）。
- 从全血细胞计数（CBC，complete blood count）报告中可见诊断依据（见表6.1）。
- 细菌培养有助于鉴别出特定的菌株。

兽医技术人员职责 6.1

兽医技术人员应当具备通过导尿、人工挤压、膀胱穿刺或自由接取的方式获得尿液的操作技巧。

治疗

- 可用抗生素治疗细菌感染。细菌培养与药敏试验可帮助确定最佳的抗生素。
- 肉食动物的尿液pH应处在酸性范围内，某些特定的细菌在碱性环境中更容易大量繁殖。因此在治疗细菌性膀胱炎的过程中，可以通过日粮或者尿液酸化剂来改变尿液pH辅助治疗。

客户教育与技术人员建议

- 泌尿道反复感染可能继发于糖尿病，这是由于尿液中的葡萄糖为细菌繁殖提供了理想环境。细菌性膀胱炎还有可能继发于免疫抑制性疾病、甲亢和肾上腺皮质功能亢进。

图6.1　血尿（图片由Amy Johnson和Bel-Rea动物技术研究所惠赠）

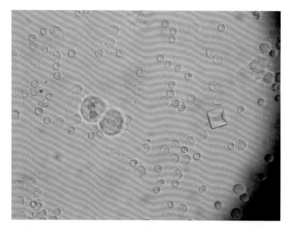

图6.2　尿沉渣显示存在红细胞和白细胞（图片由Deborah Shaffer惠赠）

表6.1　细菌性膀胱炎的实验室诊断

全血细胞计数的变化	白细胞可能增多
尿液的变化	血尿
	白细胞增多
	蛋白尿
	菌尿

技术要点 6.1：细菌性膀胱炎继发于某些系统性疾病。

肾盂肾炎

概述

　　肾盂肾炎是以肾脏与肾盂的炎症为特征的肾脏感染。通常是逆行性细菌感染导致，但也有可能是全身性的细菌或病毒感染通过血液扩散到肾脏。尿液流动受阻或老年动物免疫抑制会加重感染。有些病例则是特发的。

临床症状

- 肾盂肾炎的临床症状通常不像急性肾脏感染那样明显。
- 临床症状包括：发热、肾区或腰部疼痛、嗜睡、呕吐和多饮多尿。
- CBC、血液生化和尿液分析通常提示诊断依据（表6.2）。
- 尽管肾盂肾炎培养阴性提示无菌，但一些病例后期尿液培养和药敏试验还是会重新呈现阳性。

表6.2　肾盂肾炎的实验室诊断

全血细胞计数的变化	白细胞增多症
	中性粒细胞核左移
	因肾衰导致贫血
PCV/TP	因贫血导致PCV下降
血液生化	氮质血症
尿液的变化	血尿
	白细胞增多
	蛋白尿

诊断

- 血检、尿液分析和临床症状可以作为诊断依据。
- 肾脏超声与肾盂造影可以显示出肾脏大小与肾盂大小和形态上的变化。

治疗

- 只要是细菌感染的病例就可以使用抗生素治疗。但是，与细菌性膀胱炎相比，肾盂肾炎通常药物剂量高、用药周期长。

> 技术要点 6.2: 肾盂肾炎的治疗方案比细菌性膀胱炎更激进、时间更长。

- 对某些动物来说，液体疗法是治疗方案中的重要环节，在于其能够帮助预防感染导致的肾衰。液体疗法同样可以帮助已经肾衰的动物在获得更好的组织灌注同时减轻尿毒症。
- 当肾盂肾炎已经无法医治时，患病动物可能需要肾脏切除。

客户教育与技术人员建议

- 反复进行细菌培养非常重要，这能够帮助判断抗生素是否有效。
- 某些动物存在复发风险，需要密切观察。

尿石症或尿道结石

概述

　　尿石症是指泌尿道内形成结石。肾脏、膀胱、尿道和输尿管都可能形成结石。这些结石由不同的矿物质构成，并且同结晶一样受尿液pH影响。患病动物尿液中矿物质增加、适宜的pH和足够的时间会导致结石形成。小病灶也会导致结石形成。

临床症状

- 临床症状包括排尿困难、血尿和后腹部疼痛。
- 如果发生尿道梗阻，临床症状会更加严重。

诊断

- X线片可以显示出结石。也可以通过膀胱镜、超声或膀胱切开探查来定位透射线结石或小结石。
- 尿沉渣镜检可以提示结晶尿，但是结晶尿并不是结石形成的确凿证据（表6.3）。

治疗

- 膀胱切开取石或通过食物溶石（图6.3）。

客户教育与技术人员建议

- 为了预防复发，确定结石成分非常重要。一旦取出结石，可以立即通过院内结石分析检测套组或送到参考实验室进行结石成分分析（图6.4）。

> 技术要点 6.3: 为了确定最佳治疗方案，需要进行结石成分分析。

表6.3　尿石症的实验室诊断

全血细胞计数的变化	白细胞可能增多
尿液的变化	血尿 白细胞增多 结晶尿

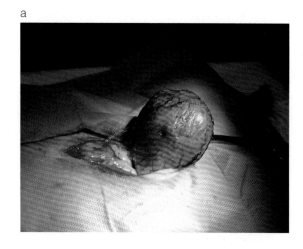

a

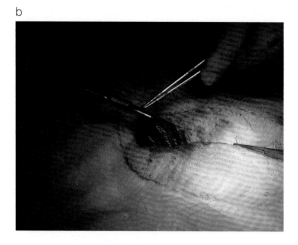

b

c

图6.3　a. 膀胱切开术治疗膀胱结石（图片由P. Fabian惠赠）。b. 膀胱切开术。c. 从膀胱中取出的结石（图片由显微镜学习中心A. K. Traylor，DVM惠赠）

- 预防方法包括：通过改变饮食来改变尿液pH，诱导动物多饮水、多排尿。增加饮水可以降低尿液中矿物质浓度，增加排尿次数可以减少尿液在膀胱中停留的时间。

尿道梗阻或公猫泌尿道阻塞

概述

　　尿道梗阻为尿道阻塞和尿液流出受到阻碍所导致。梗阻原因可能为结石、结晶碎片、黏液、血凝块或炎症。雄性动物的尿道更细更长，所以其比雌性动物更易患病。尿道梗阻会导致尿潴留，从而进一步导致膀胱扩张和肾脏排出的毒素与其他物质集聚。如果梗阻物质不能及时移除，会导致动物体液和电解质紊乱、肾衰，并可能导致膀胱破裂。如果始终无法解除梗阻，动物将会有生命危险。

> 技术要点 6.4：尿道梗阻是具有生命危险的急症，需要兽医立即处理。

临床症状

- 常见于用力排尿和频繁尝试排尿。尿道梗阻的猫咪通常频繁进出猫砂盆，犬通常频繁想出去排尿。
- 其他临床症状包括排尿疼痛引起的尖叫或嚎叫、血尿、异位排尿、腹部疼痛、无尿和过度舔舐泌尿生殖区域。
- 尿道梗阻的迟发临床症状包括厌食、嗜睡、呕吐、脱水、昏迷和死亡。
- 尿道梗阻会导致肾盂积水并导致永久性肾损伤。

诊断

- 依据临床症状和病史，特别是当腹部触诊膀胱疼

a

b
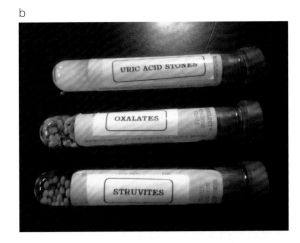

c
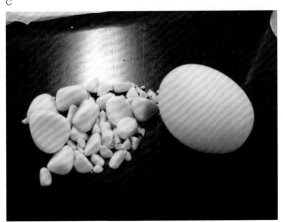

d

图6.4　a. 二水草酸钙结石。b. 各种结石。c. 犬结石。d. 犬鸟粪石结石（图片由Amy Johnson、Angela Taibo和Bel-Rea动物技术研究所惠赠）

痛、坚硬和扩张时可以高度怀疑该病。

- X线片或超声可以确定膀胱扩张和肾盂积水。
- 尿液分析、CBC和血液生化可以提示尿潴留（表6.4）。

治疗

- 患病动物需要使用公猫导尿管解除梗阻，并用生理盐水和无菌水性润滑剂将结石冲出尿道。
- 如果无法冲出梗阻物，那么可能需要进行尿道切开。

表6.4　尿道梗阻的实验室诊断

血液生化	氮质血症 代谢性酸中毒
电解质	高钾血症
尿液的变化	USG上升 血尿 白细胞增多 可能有结晶尿

- 如果结石冲回膀胱内，为了预防结石再次流出至尿道内，需要进行膀胱切开取石。
- 膀胱穿刺只能暂时减轻膀胱内压力，不能治本。
- 同时需要进行液体疗法、疼痛管理和抗炎。

兽医技术人员职责 6.2

排尿或肾脏功能紊乱的动物需要留置导尿管，收集尿液并评估尿量。

客户教育与技术人员建议

- 触诊膀胱时需要格外注意，因为此时的膀胱容易破裂。

> 技术要点 6.5：如果怀疑尿道梗阻，永远不要挤压膀胱。

- 如果结石是梗阻的原因，那么进行结石成分分析是很有必要的，以确定最好的治疗和预防方法。通常需要改变饮食或酸化尿液。
- 复发病例需要进行会阴部位尿道造口。

猫下泌尿道综合征

概述

猫下泌尿道综合征（FLUTD，feline urinary tract disease）是指与猫膀胱和尿道相关的一系列病症的总称。FLUTD与尿道梗阻有许多相似点，但是它包括更多并发症和病因。引起FLUTD的病因包括猫特发性膀胱炎（FIC，feline idiopathic cystitis）或间质性膀胱炎。FIC的病例具有膀胱炎的症状，但是没有确切的病因。其他导致FLUTD的病因包括结石梗阻、尿道梗阻、细菌性膀胱炎、尿道肿瘤或泌尿道感染。

临床症状

- 尽管导致FLUTD综合征的原因很多，但是临床症状通常都很相似。
- FLUTD的临床症状包括血尿、排尿用力、异位排尿、多尿、尿频、无尿、尿梗阻（雄性）和过度舔舐泌尿生殖区。
- 尽管所有猫咪都可能患FLUTD，但是在中年、肥胖、吃干粮的室内猫群体中更加高发。其他因素还包括应激、多猫家庭和日常环境的改变。

诊断

- FLUTD是膀胱和尿道相关的一系列病症的集合，因此找出潜在病因是很有必要的。
- 尿液分析是诊断的开始。如果提示细菌性感染，则需要进行细菌培养和药敏试验。
- X线可以用来辨识有无泌尿道结石、肿瘤或解剖学异常。
- 很多病例没有确定的病因。

治疗

- 如果可以确定病因，那么对因治疗。否则严格地对症治疗。
- 某些公司研发出了泌尿道日粮，其中一些可以帮助治疗或预防泌尿道结石。这种情况下，需要一以贯之地食用这些日粮，不要做太大改变。
- 其他治疗方案可能包括膀胱切开、抗生素治疗、抗炎药物治疗和液体疗法。

客户教育与技术人员建议

- 有些病例是单次发病的，但是有些病例会复发。
- 猫咪主人可以通过以下方式来最大程度上降低发

病率：避免改变周围环境、全天候提供新鲜饮水、提供足够数量的猫砂盆并保持其清洁。

急性肾衰

概述

急性肾衰（ARF，acute renal failure）是由大面积肾损伤造成的肾单位功能迅速下降。这种肾功能快速下降是致命的。有些病例在及时干预后，肾功能有可能恢复。其病因包括：毒素和毒药、局部缺血、有肾毒性的抗生素、细菌感染（如钩端螺旋体）、低灌注、蛇毒、尿道梗阻和其他全身性疾病。急性肾竭分为三期：诱导期、维持期和恢复期。诱导期以肾损伤导致的肾功能下降为主要特征。肾脏无法浓缩尿液并出现氮质血症。维持期时，肾脏发生了不可逆的肾损伤，并非所有病例都能从维持期存活下来。如果病例可以存活，那么恢复期时肾单位功能将会恢复。但是，很难见到肾功能完全恢复。

临床症状

- 排尿量和肾脏滤过功能下降导致血流中毒素堆积，类似于尿毒症。其导致厌食、口腔溃疡、葡萄膜炎（图6.5）、嗜睡和呕吐/腹泻，并且患病动物会呼出氨味气体，同时可见消化道出血。
- 其他临床症状包括前腹区触诊疼痛、少尿和贫血。
- 肾功能下降导致的体液和电解质失衡。

诊断

- 病史是重要的诊断依据。找到病因可以为诊断指明方向。
- 血液生化、电解质、CBC和尿液分析能够帮助诊断（表6.5）。

> ## 兽医技术人员职责6.3
>
> 患尿道或肾脏疾病的动物需要经常检测USG、TP和PCV。

治疗

- 治疗目的为纠正体液、酸碱和电解质紊乱，静脉补液是重要的治疗方案。利尿剂可以帮助提高尿量。
- 如果可能的话，尽量找出病因并对因治疗。

图6.5 尿毒症导致的葡萄膜炎（图片由Brandy Sprunger惠赠）

表6.5 急性肾衰的实验室诊断

全血细胞计数的变化	贫血
PCV/TP	因贫血导致PCV下降
血液生化	氮质血症
电解质	高钾血症 高钠血症
尿液的变化	肾性USG下降

- 使用止吐药。

客户教育与技术人员建议

- 预后不良，但是及时、积极的治疗或许有恢复的可能性。
- 在肾功能丧失2/3-3/4之前，患病动物一般不会表现出临床症状。

> 技术要点 6.6：急性肾衰可能恢复，但是慢性肾衰是长期永久性损伤。

慢性肾衰/慢性肾病/慢性肾脏疾病

概述

慢性肾衰（CRF，chronic renal failure）是肾脏持续恶化的结果。通常与年龄有关，但也见于慢性细菌或病毒感染，先天性肾脏畸形、高血压和免疫介导性疾病。慢性肾衰包括四个等级。Ⅰ级，肾脏损伤但是无氮质血症和临床症状。Ⅱ级，出现氮质血症，无临床症状。Ⅲ级，同时出现氮质血症和临床症状。Ⅳ级，严重氮质血症伴随临床症状。

临床症状

- 与急性肾衰相似，慢性肾衰也会导致尿毒素中毒。肾脏滤过功能下降导致厌食、嗜睡、呕吐/腹泻、脱水、口腔溃疡、消化道出血和呼出氨味气体。
- 由于肾单位无法浓缩尿液，所以可见尿量增加。
- 与CRF相关的高血压会导致失明。
- 钙、磷从骨骼中析出会导致骨质疏松与病理性骨折。

诊断

- 血液生化、CBC、电解质和尿液分析将提示与CRF相关的诊断依据（表6.6）。
- 超声和X线片可用来评估肾脏大小。

治疗

- 根据CRF所处分级来制定治疗方案，患病动物可能需要数周至数月才可见治疗效果。治疗方案完全为支持性治疗，旨在提高生活质量。CRF无法治愈或恢复，并且随着更多肾功能丧失会愈发加重。当生活质量下降时，有必要考虑安乐死。
- 患病动物需要定期复查常规指标。血压、电解质、酸碱平衡和PCV需要定期检测并纠正。
- 为了降低肾脏负担，必须限制食物中的灰分含量，并饲喂少量高品质的蛋白质，并保证CRF动物随时可以获得新鲜饮水。
- 液体疗法是治疗方案中的重要环节，可以在院内进行静脉补液，动物主人经培训后也可以在家中进行皮下补液。
- 抑酸剂和止吐药可以用来控制呕吐。

表6.6 慢性肾衰的实验室诊断

全血细胞计数的变化	贫血
PCV/TP	因贫血导致PCV下降
血液生化	氮质血症
电解质	低钠血症 低钾血症 高磷血症
尿液的变化	肾性USG下降

客户教育与技术人员建议

- 在肾功能丧失70%之前，患病动物一般不会表现出临床症状。

> 技术要点 6.7：一旦动物表现出肾脏疾病的临床症状，那么意味着超过70%的肾功能已经永久性丧失。

参考阅读

[1] "Feline Lower Urinary Tract Disease." Accessed February 26, 2013. http://www.vet.cornell.edu/fhc/brochures/urinary.html.

[2] "Healthy Cats." Cat Kidney (Renal) Failure Symptoms and Causes. Accessed February 26, 2013. http://pets.webmd.com/cats/kidney-failure-uremiasymptoms-cats.

[3] Kahn, Cynthia M. "Small Animal Urinary Tract Disease." In The Merck Veterinary Manual. Whitehouse Station, NJ: Merck, 2005.

[4] "Pet Health Topics." Chronic Kidney Disease. Accessed February 26, 2013. http://www.vetmed.wsu.edu/cliented/ckd.aspx.

[5] "Renal Failure, Acute (Feline)." Petside. Accessed February 26, 2013. http://www.petside.com/condition/cat/renal-failure-acute-feline.

第7章　生殖繁育疾病

不同于其他系统，雄性和雌性的生殖系统大相径庭。不同的解剖结构、功能、激素影响导致雄性和雌性的常见疾病也各有不同。雌性动物生殖系统的功能是产生卵子、维持妊娠以及生产。雄性动物生殖系统的功能是产生精子。生殖疾病最常见于未绝育或未去势的动物。因此卵巢子宫切除术（OHE，ovariohysterectomy）和睾丸切除术对于动物该类疾病的治疗和预防显得尤为重要。不将动物用于繁育是长期有效地维持健康的方法。

阴道炎

概述

阴道炎是阴道的炎症，通常由微生物引起。最常见的是细菌性阴道炎，其他可能因素包括病毒感染、异物、肿瘤、增生以及结构异常。该情况犬、猫都可见，犬更常见。所有年龄段均可发病。青年犬阴道炎参照"幼犬阴道炎"。相较于未绝育成年犬，阴道炎更常见于绝育犬，少见于繁育母犬。

临床症状

- 临床症状包括阴道分泌物、过度舔舐、可见的炎症表现和在物体表面蹭阴门。
- 可能见到尿频或尿失禁。

诊断

- 通过临床症状、病史和阴道检查进行初步诊断。
- 血液学检查可能仅提示炎症，可用于区分阴道炎和开放性子宫蓄脓。
- 阴道细胞学可以看到细菌，阴道分泌物培养有助于诊断。
- 超声和腹部X线可以用于检查异物、确认各种异常、肿瘤、排除子宫蓄脓。此外阴道镜和数字化检查可以帮助查找病因。

治疗

- 细菌感染时需要使用抗生素。清理阴道与外阴并用无酒精的耳部清洗液灌洗，可帮助重建阴道pH。
- 有些病例在初次发情周期前康复，建议推后绝育手术时间。

> 技术要点 7.1：如果绝育手术推后，有些阴道炎病例可以自愈。

- 对于解剖结构异常的病例，建议做外阴成形术。

子宫蓄脓

概述

子宫蓄脓是由于子宫细菌性感染导致子宫内充满脓性物质。细菌性感染是继发于激素相关的子宫内膜增生。增厚的子宫内膜壁为细菌增殖创造了良好的环境。子宫蓄脓常见于6岁以上未绝育雌性动物。生产动物分娩后4-6周也可能发生子宫蓄脓。

该病犬比猫常见，未做绝育手术的动物有1/4被诊断出子宫蓄脓。开放性子宫蓄脓病例的子宫颈持续开放，可以排出子宫内容物。闭锁型子宫蓄脓因子宫颈闭合，脓性物质在子宫内蓄积，像一个大脓包，因而更严重。

> 技术要点 7.2：子宫蓄脓是由于激素分泌失调而引起的继发性细菌感染。

临床症状

- 开放性子宫蓄脓病例可见阴道流出黏稠的脓性或血性分泌物。
- 其他临床症状包括多饮多尿、发热、呕吐、厌食和腹围增大。
- 严重病例可见败血症和休克。

诊断

- 超声和腹部X线片可以看到增大的子宫。如果子宫直径小于小肠，X线片很难将二者区分。
- 可以对开放性子宫蓄脓的病例进行阴道分泌物细胞学检查。分泌物特征性地显示出退行性中性粒细胞，同时胞内和胞外可见细菌。细胞学检查结果与阴道炎相似，单纯依赖细胞学难以将二者区分。

- 血液学检查可见炎症，但非子宫蓄脓特异性。血液学检查可以帮助排除引起临床症状的其他原因。

治疗

- 子宫卵巢摘除术。术前要纠正液体、电解质和酸碱紊乱（图7.1）。
- 仅对试图保留子宫的繁育用动物进行药物保守治疗，治疗包括抗生素、激素与液体疗法。药物治疗需要密切监控，效果通常不是很理想。

> 技术要点 7.3：子宫蓄脓可以选择卵巢子宫切除术；仅对试图保留繁殖能力的病例使用药物治疗。

客户教育和技术人员建议

- 绝育可以有效预防子宫蓄脓，不用于繁殖的动物建议绝育。
- 子宫蓄脓病例如不治疗，会导致动物死亡。
- 未绝育母犬如果出现本文所述的任何临床症状，

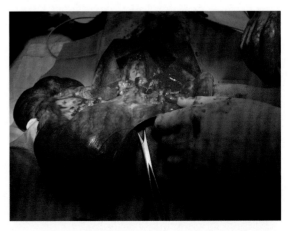

图7.1 对子宫蓄脓动物进行卵巢子宫切除术（图片由P. Fabian惠赠）

其鉴别诊断都应包含子宫蓄脓。动物需要立即治疗。

难产

概述

难产是指分娩困难或异常，难产包括母体因素和胎儿因素。母体因素包括子宫乏力和解剖学异常（anatomical malformation），如骨盆狭窄。胎儿因素包括胎儿大小和胎位。难产犬、猫都可见，常见于短头品种，如斗牛犬。

临床症状

- 已启动分娩并伴有宫缩，但1~2h仍无幼崽娩出的雌性动物应当考虑难产。
- 其他临床症状包括异常阴道分泌物、直肠温度下降后24h内仍没有宫缩或胎儿产出、有难产病史的动物、呻吟（vocalizations）、过度舔舐外阴、妊娠过久（配种超过70d）。

诊断

- 体格检查与病史对初始诊断很重要。
- X线片和超声检查可以发现难产的原因，这对于进一步治疗十分必要。

治疗

- 对于非梗阻性病例，可以在剖宫产前使用药物治疗。可以使用催产素（Oxytocin）和葡萄糖酸钙促进宫缩。
- 对于梗阻性病例只能在病情稳定后进行剖宫产。

兽医技术人员职责7.1

剖宫产手术需要兽医技术人员帮助取出胎儿和刺激呼吸。新生的幼猫幼犬需要清理呼吸道黏液和人工刺激，个别情况需要药物干预。

客户教育和技术人员建议

- 有难产病史的动物需密切监控，因为难产可能会在未来的妊娠中复发。
- 麻醉需要考虑胎儿的药物吸收情况。麻醉方案需要调整为对未出生胎儿安全。
- 短头犬自然生产前就安排剖宫产手术。

乳腺炎

概述

乳腺炎是通过乳头管逆行感染所致的一个或多个乳腺的炎症。相较于猫，乳腺炎在犬更常见，常见于分娩后，病因包括环境不卫生、护理创伤和全身性感染。由于粪便污染，正常肠道菌群是最常见的机会病原菌。可能会导致败血性休克并威胁生命。

> 技术要点 7.4：良好的环境卫生是预防乳腺炎的关键。

临床症状

- 临床症状包括红、痛、肿和乳腺坚实，乳头可能有分泌物。
- 可能有乳汁颜色改变、浓稠或者泌乳减少。
- 发病动物可见发热、厌食、脱水和精神沉郁。
- 被忽视的仔犬、仔猫可能出现生长停滞或死亡。

诊断

- 临床症状和病史对于初步诊断非常重要。
- 显微镜检乳汁可能看到炎性细胞和细菌。细菌培养和药敏试验有助于诊断和治疗。
- 血液学检查会显示出与炎症和感染一致的变化。

治疗

- 根据细菌培养和药敏试验结果选择抗生素。
- 热敷受影响的乳腺可以缓解症状和控制炎症。

兽医技术人员职责 7.2

炎症状况下，包括乳腺炎，需要对受影响乳区进行热敷，以加快恢复速度，同时也使动物感到舒适。

- 化脓的乳腺需要手术切开腺体进行冲洗和排脓。

客户教育和技术人员建议

- 病例治疗期间需要对幼崽进行营养补充。

乳腺肿瘤

概述

　　犬、猫都可发生乳腺肿瘤。相较于猫，犬更容易发生乳腺肿瘤，但猫的恶性比率更高。

　　乳腺肿瘤形成原因尚不清楚，但激素、遗传和营养都扮演着重要角色。肿瘤可以分为癌、肉瘤、混合瘤和良性腺瘤。猫腺癌最常见于老龄未绝育动物的胸腺或前部乳腺。犬位于后面的两个乳腺最易受到影响。有研究表明，犬、猫绝育时间越早，患乳腺肿瘤的概率越低。第一次发情前施行绝育手术可以显著降低乳腺肿瘤的发病风险，第一次发情后绝育，也可以一定程度降低乳腺肿瘤的发病风险。

> 技术要点 7.5：乳腺肿瘤是未绝育犬最常见的肿瘤。

临床症状

- 腹部皮下有可触及的团块，存在单个或多个结节，少见炎症和溃疡（图7.2）。
- 其他临床症状包括厌食、体重减轻、精神沉郁和后肢肿胀。

诊断

- 体格检查和乳腺触诊到肿块，提示乳腺肿瘤，但确诊还需要组织病理学检查。
- 胸部X线和腹部超声检查可以帮助诊断肿瘤是否已经出现转移。

治疗

- 可以选择手术切除（图7.3）。
- 化疗效果不确定。

客户教育与技术人员建议

- 根据肿瘤类型、大小、转移与等级进行预后评估。

前列腺疾病

概述

　　前列腺疾病包含与雄性动物前列腺增大和炎

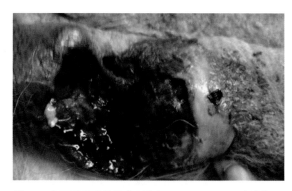

图 7.2　坏死的乳腺肿块（图片由Kristen Mutchler惠赠）

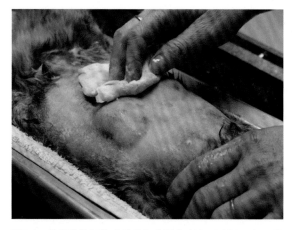

图7.3　乳腺肿块切除术前准备（图片由Henk Vrieselaar惠赠）

症相关的多种问题。犬的前列腺问题比其他动物更常见。前列腺问题包括囊肿、细菌感染与脓肿以及激素浓度过高导致的增大。良性前列腺增生（BPH, benignprostatic hyperplasia）可见于机体睾酮过多时。此时，鳞状上皮化生是由雌激素诱导引起的细胞增大。囊肿会导致分泌物向尿道排出受阻。也常见前列腺肿瘤，包括任何肿瘤疾病。

临床症状

- 由于前列腺疾病导致尿道梗阻，所以常出现尿道

并发症。尿道变形、变短，尿流变小，血尿，肾脏或膀胱细菌感染都是典型的排尿问题。

- 如果前列腺增大到影响结肠排便，还会出现里急后重。
- 其他临床症状包括腹部疼痛、厌食、精神沉郁和发热（细菌感染）。

> 技术要点 7.6：前列腺问题常导致排尿和排便问题。

诊断

- 腹部和直肠触诊、超声和腹部X线检查可用于评估肿瘤大小、形状以及前列腺的对称性。可能在触诊时有疼痛。
- 前列腺液正常会流到膀胱，因此细菌性前列腺炎会导致细菌性膀胱炎。尿液分析会发现存在细菌或炎症。
- 通过插入导尿管并挤压前列腺或者采用细针抽吸（FNA, fine needle aspirate）或活组织检查进行前列腺细胞学采样。

治疗

- 虽然治疗方案取决于病因，但去势手术也是一个选择。
- 对激素失衡的病例进行激素治疗。
- 细菌感染和脓肿需要积极的抗生素治疗，因为抗生素很难进入前列腺。
- 前列腺囊肿通常需要引流。

客户教育和技术人员建议

- 睾丸切除术是任何前列腺疾病的最佳预防方法。

睾丸疾病

概述

　　睾丸疾病包括睾丸的任何疾病，包括细菌性、病毒性、真菌性感染，以及创伤或扭转。与猫相比，犬的睾丸问题更常见，可发病于睾丸任何部位。

临床症状

- 常见的临床症状有睾丸疼痛、肿胀和舔舐阴囊。
- 睾丸疾病也可见厌食、精神沉郁和发热。

诊断

- 睾丸触诊和超声有助于确定病变所在的位置和结构。
- 精液评估和细菌培养可用于寻找致病菌。
- 布氏杆菌是引起睾丸疾病的常见病因，所以需要进行布氏杆菌检测。
- 可能需要细针抽吸或者活组织检查。如果施行去势手术，通常在手术时采集样本。

治疗

- 虽然去势手术是最好的治疗方法，但仍需根据原因进行治疗。
- 可以冷敷以减轻炎症，同时让动物感到舒适。
- 根据细菌培养和药敏实验结果，对发生细菌感染的动物使用抗生素。
- 尽管患有睾丸疾病的动物生育能力存疑，但对于单侧睾丸患病的动物，若主人希望保留其生育能力，可考虑实施单侧睾丸摘除。

客户教育和技术人员建议

- 睾丸切除术可以有效预防睾丸疾病。

雄性生殖肿瘤

概述

　　与猫相比，犬更容易发生睾丸肿瘤。睾丸肿瘤常见于4-6岁以上的犬，更常见于隐睾，而不是已下降的睾丸。半数的隐睾会发展成肿瘤。间质细胞瘤（LCTs，leydig cell tumors）通常是良性，较小，偶然发现。

　　精母细胞瘤是第二常见睾丸肿瘤，发生在睾丸组织，多为良性。支持细胞瘤发生在生精小管，极易转移。支持细胞瘤最常见于隐睾。

　　前列腺癌很少见，但具有强侵袭性并快速转移。与猫相比，该肿瘤在犬上更常见，多发于9岁以上的犬。

> 技术要点 7.7：与猫相比，雄性生殖疾病都是在犬上更为常见。

临床症状

- 睾丸肿瘤的临床症状包括睾丸变硬、睾丸有结节感（nodularfeeling）、一侧睾丸偏大。可以在腹股沟管触诊到肿胀或变硬的隐睾。
- 支持细胞瘤产生雌性激素，使公犬雌性化，包括双侧对称性脱毛、乳腺增大、在严重病例中出现骨髓抑制。产生雌激素的肿瘤常会在阴茎上看到红色带状炎症。雌激素可能会导致前列腺增生。
- LCT会导致一个或多个可触及的柔软肿胀的圆形团块。
- 精母细胞瘤通常以亚临床形式发病，很少可触及，只有肿瘤生长导致压迫性疼痛时才有临床症状。

- 前列腺肿瘤的临床症状与前列腺其他疾病非常相似。这些症状包括排尿困难、尿频、尿失禁、血尿和里急后重。随着疾病的发展还可能会出现精神沉郁、厌食和疼痛。

诊断

- 睾丸肿瘤大多可触及。可以使用超声确定肿块和位置，可在摘除肿瘤时进行活组织检查。
- 睾丸肿瘤的诊断与其他睾丸疾病相似，包括前列腺液细胞学、超声、腹部与直肠触诊。
- 可以对胸部进行X线和超声检查以确定是否转移。

治疗

- 睾丸肿瘤通常采取去势手术进行治疗，通常可治愈。如果主人需要繁育，可以保留健康睾丸。由于隐睾癌变率很高，故对隐睾公犬进行去势手术很重要。隐睾具有遗传性，所以这种犬不应用于繁育。
- 虽然睾丸摘除手术可以控制前列腺肿瘤的临床症状，但该种肿瘤的治疗效果通常不尽人意。建议对没有出现转移的前列腺肿瘤病例进行前列腺摘除术。

客户教育与技术人员建议

- 睾丸切除术是睾丸和前列腺肿瘤的最好预防方式。

> 技术要点 7.8：预防睾丸或前列腺肿瘤的最佳方法是睾丸切除术。

参考阅读

[1] "Bacterial Infection of the Breast in Dogs." Accessed February 26, 2013. http://www.petmd.com/dog/conditions/endocrine/c_dg_mastitis.

[2] "Canine Prostate Cancer." Pet Information. Accessed February 26, 2013. http://www.petwave.com/Dogs/ Dog-Health-Center/Reproductive-Disorders/Prostate-Cancer.aspx.

[3] Degner, Daniel A., DVM, DACVS, DAVDC. "What Does It Mean?" Testicular Tumors in Dogs. Accessed February 26, 2013. http://www.vetsurgerycentral.com/oncology_testicular_tumors.htm.

[4] Eilts, Bruce E. "Feline Pastuition." Accessed February 26, 2013. http://www.vetmed.lsu.edu/eiltslotus/theriogenology-5361/feline_pastuition.htm.

[5] "Healthy Dogs." Dog Tumors of the Testicles, Vagina, Ovaries, and More. Accessed February 26, 2013. http://pets.webmd.com/dogs/dog-reproductivetract-tumors.

[6] Kahn, Cynthia M. "Small Animal Reproductive Disease."In The Merck Veterinary Manual. Whitehouse Station, NJ: Merck, 2005.

[7] Lucas Hamm, Brian, DVM, DACVS, DAVDC, and Jeff Dennis, DVM, DACVIM. "Canine Pyometra: Early Recognition and Diagnosis— Veterinary Medicine." http://veterinarymedicine.dvm360.com/vetmed/Medicine/Canine-pyometra-Earlyrecognition-and-diagnosis/ArticleStandard/Article/detail/773928.

[8] "Prostate Cancer (Adenocarcinoma) in Dogs." Accessed February 26, 2013. http://www.petmd.com/dog/conditions/cancer/c_dg_adenocarcinoma_prostate.

[9] "Vaginal Inflammation in Cats." Accessed February 26, 2013. http://www.petmd.com/cat/conditions/reproductive/c_ct_vaginitis.

[10] "Vaginitis in Dogs: A Simple Approach to a Complex Condition—Veterinary Medicine." Veterinary Medicine (DVM 360). http://veterinarymedicine.dvm360.com/vetmed/Medicine/Vaginitis-in-dogs-Asimple-approach-to-a-complex-c/ArticleStandard/Article/detail/557956.

第8章   内分泌疾病

内分泌系统是维持体内稳态的系统之一。内分泌腺体通过分泌激素来调节诸如生长、发育和新陈代谢的功能。在体内，垂体和下丘脑分泌的激素作用于其他腺体。激素通过负反馈系统进行自我调节，该系统中任何节点的病变都会导致相应的功能紊乱。

甲状腺功能亢进

概述

甲状腺功能亢进是指动物的三碘甲状腺原氨酸（T3, triiodothyronine）和甲状腺素（T4, thyroxine）过度分泌导致动物代谢率上升的疾病。老年猫常见该病，其病因通常为良性甲状腺瘤。在犬罕见，其病因通常为恶性甲状腺癌。

> 技术要点 8.1: 猫的甲状腺功能亢进常由良性甲状腺瘤所致。

临床症状

- 可触及甲状腺是该病的标志性症状，正常的甲状腺通常是触诊不到的。增大的甲状腺还可能会引起动物声音改变。

- 甲状腺激素分泌过多会引起体重迅速下降，但食欲亢进。其他与高代谢率相关的临床症状包括心动过速、高血压、收缩期心杂音、好动和过度舔毛。

- 甲状腺素具有利尿作用，会引起多饮多尿。

- 也可见呕吐、厌食、嗜睡和过度嚎叫的临床症状。

诊断

- 尽管T4是更有意义的指标，但血液中T3/T4浓度上升仍可能说明甲状腺疾病。但其并不是诊断的金标准，因为有一些甲亢的猫，其T4仍处于正常范围内。

- 对于T4正常的动物来说，T3抑制试验结果是更有意义的甲状腺疾病指标。先获得T4基础值，然后向动物注射T3，而后获得注射后T4数值。正常动物的注射后T4值应降低，但是甲亢动物的T4值不会受到抑制（图8.1）。

治疗

- 放射性碘（^{131}I）是治疗选择之一，其注射剂通常用于破坏已受损的甲状腺组织，通常只需治疗一次，但其缺点是治疗费用高和必须住院。在治

85

图8.1 甲状腺功能（TRF，促甲状腺激素释放因子；TSH，促甲状腺激素）

疗设备中，患病动物体内的放射性物质会排出长达15d时间。因为甲亢会掩盖肾衰的症状，所以在治疗之前，需要排查猫的慢性肾衰。

- 口服抗甲亢药物是一种保守治疗方法。使用这些药物会有相当不错的效果，但也有不良反应，包括呕吐、嗜睡和厌食。常用药物有甲巯咪唑，但由于会导致头、颈部表皮脱落，所以甲巯咪唑必须间断性用药。其他缺点是该药物必须终身每天服用。可以通过口服给药、直肠给药或包裹于风味营养膏中给药。为调整药物剂量，必须定期做血检。
- 第三种方法是甲状腺切除术，将病变的甲状腺组织切除。甲状旁腺紧靠甲状腺，必须注意避免切除甲状旁腺。甲状旁腺调节血钙浓度，为了预防低血钙，有必要密切监测血钙浓度。其他风险包括过多地切除了甲状腺组织，引起医源性甲状腺功能减退，还有麻醉风险。

兽医技术人员职责 8.1

专科医院将对甲亢患病动物进行放射性碘治疗。兽医技术人员应当协助治疗操作并监测这些患猫，同时适当处理放射性物品。

甲状腺功能减退

概述

甲状腺功能减退是指甲状腺激素浓度下降导致的代谢率下降。猫的甲减罕见，并常见于甲亢的过度治疗导致的医源性甲减。甲减常见于2-6岁的犬，大部分病例的甲状腺疾病是原发病。淋巴细胞性甲状腺炎是自发免疫性疾病，其也是自发性甲状腺疾病的病因之一。同为病因的还有甲状腺细胞被脂肪细胞取代导致的特发性萎缩。

所有犬种都可能发生甲减，但更常见于拉布拉多犬、金毛寻回猎犬、杜宾犬、可卡犬和拳师犬。

技术要点 8.2：甲减常见于犬，少见于猫。

临床症状

- 被毛和皮肤改变是甲减最常见的临床症状。可见稀疏、干燥的被毛，纤细易折断的毛发，称为"鼠尾"的尾部被毛脱落，双侧对称性脱毛和大量脱毛。皮肤变厚并且可见色素过度沉着，特别是在腹侧和大腿内侧。
- 其他临床症状包括体重下降、多饮多尿、嗜睡、虚弱和运动不耐受。低体温会导致动物寻找温暖的地方。

诊断

- T3/T4有可能降低，但其并不是特异性指标，某些药物或遗传性因素会导致数值偏低。
- 在甲减病例中，TSH的水平将会上升。
- 甲减动物的脂肪代谢速率将会下降，这将引起高脂血症和高胆固醇血症，因为尿液排泄速率下降，所以血钾将会上升。甲减动物也有可能出现黑粪症（图8.1）。

- TSH刺激试验是敏感性更高的方法。先测得T4基础值，然后注射TSH，最后测得注射后T4值。在健康动物中，注射后的T4值是基础值的2倍。在原发性甲减病例中，T4上升幅度很小甚至无变化（图8.1）。

治疗

- 使用合成甲状腺激素（甲状腺素）来治疗甲减。

客户教育和技术人员建议

- 由于临床症状模糊，所以甲减是最常见的会被过度诊断的疾病之一。

肾上腺皮质功能亢进或库欣综合征

概述

肾上腺皮质功能亢进是指肾上腺分泌过量的皮质醇。这是成年犬常见的内分泌疾病，但是在猫中罕见。大部分病例是垂体依赖型肾上腺皮质功能亢进（PDH, pituitary-dependenthyperadrenocorticism），其发病机理是良性的垂体肿瘤分泌过量的促肾上腺皮质激素（ACTH, adrenocorticotropichormone）。一小部分病例是由于肾上腺肿瘤（AT, adrenaltumor）分泌过多皮质醇导致的，这在母犬中更常见。还有一些病例属于医源性库欣综合征，这些病例曾长期使用类固醇激素或者突然停止使用类固醇治疗。为了使用最合适的方法治疗疾病，必须确定其病因。

临床症状

- 皮质醇通过抑制免疫系统引起患病动物易受细菌感染，尤其是泌尿道感染。
- 皮质醇会导致骨骼肌松弛，患病动物可能会变得虚弱，且腹部呈"垂腹"样松弛下垂（图8.2）。
- 其他临床症状包括多饮多尿、多食、增重、躯干毛发脱落、皮肤变薄、易擦伤、喘息和不耐热。

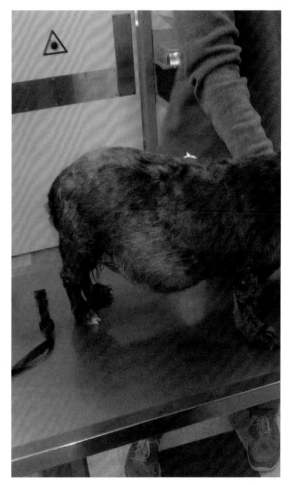

图8.2 一例库欣综合征病例下垂的腹部（图片由Hillary Price惠赠）

诊断

- X线或超声可提示肝脏肿大、肾上腺钙质沉积或肾上腺增大。单侧肾上腺增大提示肾上腺肿瘤，双侧肾上腺增大更可能是PDH。
- 血液生化的变化包括碱性磷酸酶（ALP，alkaline phosphatase）和丙氨酸氨基转移酶（ALT，alkaline amino transferase）、皮质醇、胆固醇和血糖上升，血液尿素氮（BUN，blood urea nitrogen）下降。CBC呈现应激性白细胞血象并且出现再生性贫血。尿检结果提示大量的稀释尿和伴有炎症、细菌和蛋白的尿道感染（表8.1）。
- 诊断库欣综合征时需要分为两步走：第一步，诊断；第二步，确认来源。

> **技术要点 8.3：**为了使用最合适的方法治疗疾病，确定库欣综合征的发病原因非常重要。

- 有两种方法可以获得诊断，一种是ACTH刺激试验，一种是低剂量地塞米松抑制试验（LDDS，lowdosedexamethasone suppression）。ACTH刺激试验的操作方法是：首先记录动物皮质醇基础值，然后注射ACTH药物，最后记录注射后皮质醇数值。患库欣综合征的动物对ACTH会过度应答，其刺激后的皮质醇数值是健康动物的3倍以上。LDDS的操作方法是：首先记录动物皮质醇基础值，然后注射LDD，最后记录注射后皮质醇数值。在健康动物中，LDD应该抑制ACTH。如果是PDH患病动物，肿瘤会抑制正常的负反馈系统，所以LDD不会产生任何抑制作用。如果是AT患病动物，肿瘤会自发分泌皮质醇，所以LDD也不会起到抑制作用（图8.3）。
- 高剂量地塞米松抑制（HDDS，high-dose dexamethasone suppression）试验可以鉴别发病原因。首先记录动物皮质醇基础值，然后注射高剂量地塞米松，最后记录注射后皮质醇值。由于地塞米松的剂量足以抑制肿瘤分泌，所以PDH患病动物的ACTH会下降，从而出现抑制皮质醇的效果。而AT患病动物则不会出现抑制作用，因为即使垂体被抑制了，但是肾上腺的肿瘤依然在自行分泌皮质醇。

治疗

- 根据病因进行治疗。
- PDH的治疗药物会选择性破坏肾上腺皮质，从而减少皮质醇分泌。
- 肾上腺肿瘤不像PDH那样对药物反应良好。如果可能的话，手术切除肾上腺肿瘤，尽管这样做会并发肾上腺皮质功能减退。

客户教育和技术人员建议

- 皮质醇的功能之一是保持较高的血糖。血糖升高会继发引起糖尿病。

表8.1　肾上腺皮质功能亢进的实验室诊断

全血细胞计数的变化	应激性白细胞血象 再生性贫血
PCV/TP	脱水导致血液浓缩
血液生化和电解质	ALP、ALT、皮质醇和胆固醇升高 高血糖 BUN降低 低血钠 高血钾
尿液的变化	尿比重降低 白细胞增多 菌尿 蛋白尿

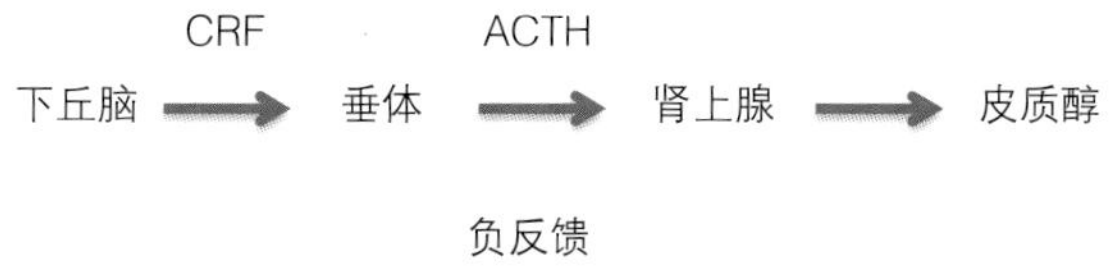

图8.3 肾上腺功能（CRF，促肾上腺皮质激素释放因子；ACTH，促肾上腺皮质激素）

肾上腺皮质功能减退或艾迪生病

概述

肾上腺衰竭会导致皮质醇和醛固酮分泌不足，称为肾上腺皮质功能减退或艾迪生病。艾迪生病常见于年轻至中年犬，并多见于雌犬。其原因有可能为特发性、医源性或因自体免疫性疾病、肿瘤转移、出血或梗死。

临床症状

- 艾迪生病的临床症状非常模糊。患病动物通常被称为ADR（Ain't doing right），也就是"表现不对劲"。症状有可能为间断性，严重程度各异。
- 由于缺乏醛固酮导致的多尿会导致低钠血症、低血容量和低血压。多尿动物为了恢复机体水合会出现多饮。
- 肾脏排钾离子的功能被抑制，会引起高钾血症。血钾上升会导致心动过缓和心电图（ECG，electrocardiogram）异常。
- 其他临床症状包括厌食、体重下降、呕吐、腹痛、厌食和嗜睡。

诊断

- 艾迪生病病例的血检结果会出现很多变化。由于缺少皮质醇，患病动物的CBC会缺乏应激性白细胞血象，胃肠道出血的病例可出现贫血。电解质和生化检测可见高钾血症、低钠血症、低氯血

症、低胆固醇血症和氮质血症（表8.2）。
- 可以做ACTH刺激试验。首先记录动物皮质醇基础值，然后注射ACTH药物，最后记录注射后皮质醇数值。艾迪生病病例在注射ACTH之后，皮质醇不会出现升高（图8.3）。

治疗

- 为使患病动物在艾迪生危象中稳定下来，可能需要使用液体、电解质和葡萄糖来治疗，且需要使用类固醇来管理休克。
- 为了维持病情稳定，有必要使用包括盐皮质激素和糖皮质激素的激素替代物。可以通过每日口服或每月注射来补充。
- 食物中加盐有助于补充尿液中丢失的钠。

客户教育和技术人员建议

- 皮质醇能帮助动物应对应激，而艾迪生患病动物

表8.2 肾上腺皮质功能减退的实验室诊断

全血细胞计数的变化	缺乏应激性白细胞血象 如果消化道出血会导致贫血
PCV/TP	脱水导致血液浓缩
血液生化和离子	氮质血症 酸中毒 低血糖 低钠血症 高钾血症
尿液的变化	尿比重下降

由于缺乏皮质醇而无法应对应激。当动物应激的时候，临床症状会恶化。所以保持周围环境低应激并且避免突然改变日常生活方式是非常重要的。

> 技术要点 8.4：艾迪生病的临床症状非常模糊，很难作出精确的诊断。

糖尿病

概述

糖尿病是指胰腺无法分泌足量的胰岛素，引起血糖升高。胰岛细胞受损导致胰岛素生成减少或缺失，血液或尿液中的葡萄糖含量随即上升。该病可见于犬和猫。患病动物年龄在中年至老年之间，肥胖是其中的一个致病因素。一旦患糖尿病，患病动物及宠主将终身接受治疗。

临床症状

- 血液及尿液检查结果会出现变化，最常见的变化为葡萄糖和酮体浓度升高（表8.3）。
- 由于尿液中的糖为细菌增殖提供有利环境，所以糖尿会增加尿道感染的风险。高渗性糖尿将造成渗透性利尿，水分被排泄到尿液之中，导致多饮多尿（表8.3）。

表8.3 糖尿病的实验室检查结果

PCV/TP	脱水导致血液浓缩
血液生化	高血糖
尿液的变化	尿比重下降 尿糖 尿酮体

- 高血糖会导致食欲亢进、体重下降、嗜睡和虚弱。
- 正常情况下，眼部晶状体从血液中吸收葡萄糖。糖尿患病动物的晶状体会吸收过量葡萄糖，这将导致水分吸收到晶状体内，最终导致双眼白内障。其最终会导致糖尿病动物失明。
- 脂质聚积和脂肪动员会导致肝肿大。

诊断

- 实验室检查结合临床症状、病史和体格检查以诊断糖尿病（表8.3）。
- 特别是禁食后出现慢性高血糖和尿糖，应将糖尿病列在鉴别诊断中。尿酮体是诊断糖尿病的另一项良好指标。

> 技术要点 8.5：尿糖和尿酮体是诊断动物糖尿病的良好指标。

- 对于血糖值处于边界或者应激的猫，果糖胺是更有效的检测指标。果糖胺是一种与葡萄糖结合的血液蛋白。其能够更精确地反映出几周内的平均血糖浓度。由于应激不会像影响血糖那样影响果糖胺，所以更推荐给猫测果糖胺。

治疗

- 糖尿病动物需要每日注射胰岛素。为判断胰岛素剂量是否起效，需要密切监测。使用血糖曲线和/或果糖胺来监测动物血糖的变化趋势。在治疗初始，为了调整到最适合患病动物的胰岛素剂量，监测会比较频繁。
- 对于肥胖动物需要进行减重计划。糖尿病患病动物必须饲喂低脂、低碳水化合物的食物，并且食物中的碳水化合物要求是多来源的，而非单一来源。

客户教育和技术人员建议

- 因为糖尿病需要频繁监测并且终身使用胰岛素，所以其预后取决于宠主的配合度。使用胰岛素需要特殊操作，并且需要连续使用，治疗费用可能比较高。
- 糖尿病的常见并发症是糖尿病酮症酸中毒（DKA，diabetes ketoacidosis）。酮体是脂肪细胞代谢出的酸性产物；酮体聚积会导致动物酸中毒。DKA是具有生命危险的临床急症，患病动物需要液体治疗、胰岛素和维持电解质稳定。临床症状包括多饮多尿、喘、虚弱、嗜睡、沉郁、呕吐，并且动物呼出的气体可能具有甜味。
- 胰岛素使用过量所致的低血糖同样也是严重的并发症，这是由于注射器读数错误或宠主不小心给动物多次注射所致。临床症状包括定向障碍、嗜睡、虚弱、多食或厌食，严重的病例出现昏迷或死亡。过量使用胰岛素的动物需要摄入食物或糖，并且需要立即进行医疗干预。

尿崩症

概述

与糖尿病不同，尿崩症（DI，diabetes insipidus）是由下丘脑或垂体引发的疾病，其特征为抗利尿激素（ADH，antidiuretic hormone）分泌减少。肾脏依赖ADH重吸收水分。尿崩症多见于犬而少见于猫。尽管许多病例为特发性，但是中枢性DI是由下丘脑或垂体的创伤、囊肿、肿瘤、感染或先天缺陷所致。肾性DI为肾功能衰竭导致肾脏无法对ADH产生有效反馈。

> 技术要点 8.6：尿崩症是下丘脑或垂体的病变，而不是胰腺的病变。

临床症状

- 缺乏ADH导致肾脏丢失水分，引起多饮多尿。患病动物会生成大量低渗尿，且为了补充丢失的水分，饮水量会上升。
- 摄水不足的患病动物会出现脱水及电解质紊乱。

诊断

- 尿比重下降、临床症状和病史可用于DI的初步诊断。
- 可做限水试验诊断。给患病动物限制水分摄入的同时监测尿量和尿比重。对于DI患病动物来说，这些指标在脱水时不会改变。
- 可以利用ADH反馈试验来排除其他会导致多饮多尿的疾病，如糖尿病、肾衰、库欣综合征和甲亢。在试验开始之前测量尿比重，然后注射合成的ADH激素（去氨加压素）。在注射之后监测尿量和尿比重。在DI病例中，肾脏会对ADH有反应，并且浓缩尿液。

治疗

- 中枢性DI需要使用合成的ADH激素治疗，且患病动物需终身每日服药。

客户教育和技术人员建议

- 不要限制DI患病动物摄取水分，这一点很重要。
- 如果动物对治疗反应良好，则预后良好。
- 如果没有诊断出DI或者没有给予治疗，则动物将死于脱水和电解质紊乱的并发症。

参考阅读

[1] "About Hypothyroidism." Information, BreedPredisposition and Clinical Signs ofHypothyroidismin Dogs. Accessed February 26, 2013. http://www.leventa.com/about.asp.

[2] Brooks, Wendy C., DVM, DABVP. "Cataracts in DiabeticDogs." VeterinaryPartner.com. August 15, 2010.http://www.veterinarypartner.com/Content.plx?P=A&C=&A=1945.

[3] Bruyette, David, DVM, DACVIM. "Veterinary Healthcare—Diagnostic Approach to Polyuria andPolydipsia (Proceedings)." Veterinary Medicine(DVM 360), October 1, 2008. Accessed February26, 2013. http://veterinarycalendar.dvm360.com/avhc/content/printContentPopup.jsp?id=581757.

[4] Cornell University Animal Health Diagnostic Center. Feline Thyroid Tests. Accessed January 31, 2011. http://ahdc.vet.cornell.edu/docs/Feline_Thyroid_Testing.pdf.

[5] "The Danger of Giving Diabetic Cats Too MuchInsulin." VetInfo. Accessed February 26, 2013. http://www.vetinfo.com/catstoomuchinsulin.html.

[6] "Diabetic Ketoacidosis, Canine." Upstateamc. AccessedFebruary 26, 2013. http://www.upstateamc.com/Diabetic_ketoacidosis__Cani.html.

[7] "Feline Diabetes." Accessed February 26, 2013. http://www.vet.cornell.edu/fhc/brochures/diabetes.html.

[8] "Glucose and Fructosamine Testing in Pets." Vetstreet.January 24, 2012. Accessed February 26, 2013.http://www.vetstreet.com/care/glucoseand-fructosaminetestinginpets.

[9] "Hyperthyroidism." RSS. Accessed February 26, 2013.http://www.allfelinehospital.com/site/view/206533_Hyperthyroidism.pml.

[10] Kahn, Cynthia M. "Small Animal Endocrine Disease."In The Merck Veterinary Manual. WhitehouseStation, NJ: Merck, 2005.

[11] Margulies, Paul, MD, FACP, FACE. "Adrenal Diseases—Cushing's Syndrome: The Facts You Need To Know." National Adrenal Disease Foundation. Accessed February 26, 2013. http://www.nadf.us/diseases/cushings.htm.

[12] "Pet Health Topics." Addison's Disease. AccessedFebruary 26, 2013.http://www.vetmed.wsu.edu/cliented/addisons.aspx.

[13] "Pet Health Topics." Cushing's Disease. AccessedFebruary 26, 2013. http://www.vetmed.wsu.edu/cliented/cushings.aspx.

[14] Peterson, Mark E., DVM, DACVIM. "Insights intoVeterinary Endocrinology: Diagnostic Approach toPU/PD: Urine Specific Gravity." January 10, 2010. Accessed February 26, 2013. http://endocrinevet.blogspot.com/2011/01/diagnosticapproachtopupd-urine.html.

[15] Ward, Ernest, DVM, DACVIM. "Diabetes Insipidus inDogs: Canine Diabetes Insipidus: VCA AnimalHospitals." Accessed February 26, 2013. http://www.vcahospitals.com/main/pethealth-information/article/animalhealth/diabetesinsipidus-indogs/743.

第9章　眼科疾病

9

　　眼睛由许多特定结构组成，这些结构必须相互配合以及与神经系统一起工作，才能将光转换成视觉图像。如果其中一个结构不能正常工作，就会导致失明，并可能伴有疼痛。眼部疾病可能是先天性、免疫介导性、继发于系统性并发症、创伤性或炎性。如果要保住患病动物的视力，必须尽早诊断并积极治疗眼科疾病。

结膜炎或红眼病

概述

　　结膜炎是由刺激物或感染引起的眼结膜的炎症。病因包括细菌感染、过敏性刺激、眼部创伤、系统性疾病，如犬瘟热、眼部异物、毛发或睫毛刺激。

临床症状

- 结膜炎的特征是结膜发红、发炎。结膜和巩膜因水肿而肿胀，可能出现明显的肿胀。
- 可能出现浆液性或黏液脓性的眼部分泌物，伴有眼周结痂。
- 眼部疼痛的表现包括瞬膜突出、斜视和眼睑痉挛（图9.1）。

诊断

- 通常根据临床症状、病史和完整的眼部检查来诊断结膜炎。
- 因为结膜炎的病因很多，最终的诊断取决于找到

图9.1　猫眼睑痉挛（图片由Deanna Roberts 惠赠）

的具体病因。检查方法包括细菌培养、全身疾病检查或过敏检查。

治疗

- 治疗先去除诱发因素。
- 每天多次用生理盐水冲洗眼睛,并清除结痂。
- 经常使用抗生素软膏。因皮质类固醇有抗炎作用,仅在排除了眼部溃疡的情况下,可使用皮质类固醇软膏。类固醇的使用会影响局部免疫对感染的反应,因此如果出现黏液脓性分泌物,则不应使用类固醇药物。

> **技术要点 9.1:** 结膜炎的治疗常取决于病因。

泪溢

概述

泪溢是由于鼻泪管阻塞或泪液产生过多而导致的泪液溢于面部。鼻泪管阻塞的病因各异,但可能包括先天性眼部畸形、感染所致的眼部结构炎症、外伤、异物或肿瘤。

临床症状

- 泪溢可见眼部过多的水性分泌物,眼睑处的分泌物积聚和干化,眼部下方出现泪痕。
- 还可能出现因分泌物积聚而产生的皮肤刺激。
- 主人可能会注意到动物在物体表面摩擦眼睛或脸部。

诊断

- 体格检查包括全面的眼科检查、临床症状和病史,有助于初步诊断。

- 可能需要对鼻泪管进行诊断性影像学检查或手术探查来确定阻塞的病因。
- 其他检查包括荧光素染色、泪液测试或细菌培养。

治疗

- 治疗取决于诊断和纠正原发病因。
- 可能的治疗方法包括鼻泪管冲洗,在眼内放置支架以保持鼻泪管畅通,手术矫正鼻泪管畸形或清除刺激物。

客户教育和技术人员建议

- 根据病因,这种情况可能需要终身治疗,因为复发是最常见的并发症。

第三眼睑突出或樱桃眼

概述

樱桃眼是瞬膜或第三眼睑腺脱出,并伴有炎症和肥厚。虽然可见于各种品种的犬,但常见于可卡犬、英国斗牛犬、波士顿㹴和比格犬。樱桃眼罕见于猫。这是一种有遗传倾向性的疾病,但也可能由眼部感染、刺激或日光损伤引起。变弱的结缔组织变得可移动,会刺激腺体,并引起腺体发炎和突出。

临床症状

- 樱桃眼可见一个红色肿块从眼球内眦突出,伴有黏液脓性的分泌物(图9.2)。
- 樱桃眼可见眼部刺激的其他症状:结膜炎、炎症、过度流泪、斜视、干眼症或视力受损。眼部刺激可表现为用爪子挠脸或在物体表面蹭脸。

- 可为单眼或双眼发病。

诊断

- 通常根据临床症状和眼部检查即可得出诊断。

治疗

- 外用抗生素眼膏和抗炎药有助于减少炎症和治疗继发性感染。但单独使用这些药物极少能完全纠正这一情况。
- 如果可以，应该进行手术复位腺体（图9.3）。
- 应尽可能避免腺体摘除。腺体在泪液的产生中起着重要的作用，缺少腺体会使动物更容易出现眼部问题，包括干性角膜结膜炎（KCS，keratoconjunctivitis sicca），常继发于腺体摘除后。

> 技术要点 9.2：重要的是尽量保留腺体而非摘除，腺体摘除可引起继发性KSC。

客户教育和技术人员建议

- 一旦发现一侧眼睛发病，对侧眼睛可能也会随之发病。应密切观察动物另一侧眼睛的发展。
- 该病与基因遗传相关，患樱桃眼的动物不应用于繁育。

眼睑内翻/眼睑外翻

概述

眼睑内翻和眼睑外翻为眼睑的结构异常。内翻是眼睑向内翻转，外翻则是眼睑向外翻转。

眼睑内翻是犬最常见的眼睑畸形，并伴有严重的疼痛。这种向内翻转会使得毛发和睫毛对眼部造成进一步的损伤。角膜溃疡和结膜炎可继发于眼睑内翻。

眼睑外翻常为双侧发生，表现为"眼部下垂"。结膜暴露可引发慢性结膜炎、继发性细菌感染和易受刺激物刺激。

图9.2　樱桃眼（图片由Amy Johnson 和Bel-Rea动物技术研究院惠赠）

图9.3　樱桃眼手术修复后（图片由Amy Johnson 和Bel-Rea动物技术研究院惠赠）

临床症状

- 临床表现为眼睑内翻或眼睑外翻（图9.4）。
- 眼睑内翻可引起疼痛性眼部溃疡。疼痛可见斜视和眼睑痉挛。
- 继发性疾病的临床症状包括结膜炎、角膜溃疡和眼部分泌物。

诊断

- 通常根据临床症状和眼部检查即可得出诊断。
- 眼睛荧光素染色可用于判断是否出现眼部溃疡。

治疗

- 这两种眼睑异常都需要手术修复才能治愈（图9.5）。
- 眼睑外翻可能需要使用含皮质类固醇的抗生素眼膏来控制感染和炎症。

青光眼

概述

　　青光眼的特征是眼内压升高。这一压力会导致视盘和视网膜损伤，如不及时治疗，还会引起严重的疼痛和失明。犬、猫均可发生，病因有多种。原发性青光眼是一种遗传性疾病，眼睛产生一种叫作房水的液体的速度比其被清除的速度要快。继发性青光眼是由其他可引起眼内压升高的眼部疾病所致。可能的继发性因素有前葡萄膜炎、眼部肿瘤（图9.6）、全身性感染、晶状体脱位和其他眼部

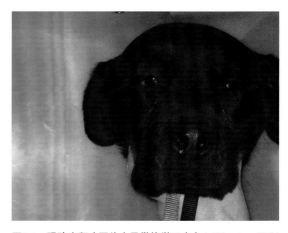

图9.4　眼睑内翻（图片由显微镜学习中心A.KTraylor, DVM惠赠）

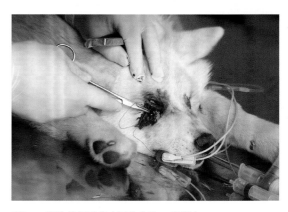

图9.5　眼睑修复手术（图片由Sima惠赠）

创伤。犬双眼发病最常见于原发性青光眼，而猫更常见于继发性青光眼。

临床症状

- 与眼睛相关的临床症状包括:蓝眼症、眼球变硬、眼睛发灰或云雾状、眼睛充血、角膜水肿、扩张且固定的瞳孔对光变化的反应缓慢、晶状体移位（图9.7）。
- 青光眼是一种非常疼痛的疾病，可能会导致动物的行为改变。动物可能会变得嗜睡、喜怒无常和

图9.6 犬因眼部黑色素瘤导致青光眼（图片由Amy Johnson 惠赠）

畏缩低头。因疼痛还可能会出现流泪和眯眼。

> 技术要点 9.4：眼内压升高可引起严重疼痛。

- 患眼失明，导致动物碰撞物体，还会迷失在熟悉的环境中。丧失威胁反射也表明丧失视力。

诊断

- 使用眼压计测量眼内压，判断是否有眼内压升高。

兽医技术人员职责 9.1

需要频繁地使用眼压计测量青光眼患病动物眼内压，评估治疗效果。

a
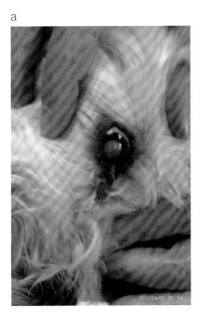

b

图9.7 a. 犬青光眼（图片由Kristen Mutchler惠赠）。b. 犬青光眼伴有前房出血（图片由显微镜学习中心A.KTraylor, DVM惠赠）

- 其他测量眼压和评估眼部的方法有裂隙灯生物显微镜检查、房角镜检查和间接检眼镜检查。这些方法有助于确定眼压升高的原因。房角镜检查可用于判断对侧眼出现青光眼的风险。

治疗

- 如果在观察到首个临床症状并得出诊断后立即开始治疗，预后会更好。通常在主人发现问题并开始治疗时，挽救眼睛为时已晚。一旦眼睛明显增大，动物则为永远失明。
- 内科治疗包括使用药物降低眼压。这些药物用于增加渗透压并将房水从眼睛里吸引出来，用酶制剂阻断房水的生成，或者收缩瞳孔提高液体引流的能力。研究表明，抗氧化治疗的效果不定，其目的是缓解眼内负责液体引流的细胞的氧化损伤。
- 手术治疗的目的是减少房水生成。
- 有的病例可能需要摘除眼球（图9.8）。

客户教育和技术人员建议

- 患有单侧原发性青光眼的犬应密切监测对侧眼的青光眼发展。
- 该病与基因遗传相关，患犬不应用于繁育。
- 有证据表明牵拉颈部会增加眼压，因而患有青光眼的犬不应使用脖圈牵遛，而应该使用胸背带。

角膜溃疡

概述

角膜溃疡是犬、猫角膜上皮的损伤，由多种病因所致，包括感染、角膜创伤、异物、眼睑结构异常和结膜炎。

临床症状

- 角膜溃疡十分疼痛，动物可表现为眯眼，流泪，瞬膜突出，抓挠眼睛，以及可能的行为改变。
- 可能会出现角膜病变所致的视力受损，眼睛浑浊和结膜炎（图9.9）。

诊断

- 通过患病动物病史和临床症状，结合全面的眼科检查、荧光素染色和检眼镜检查得出诊断。

治疗

- 内科治疗的目标包括控制炎症、缓解疼痛和去除原发病因。通常会使用眼膏或眼药水。
- 有的病例可能需要手术和角膜移植。
- 必须防止患有角膜溃疡的动物进一步损伤它们的眼睛。这些动物需要戴伊丽莎白圈。

慢性浅表性角膜炎或角膜翳

概述

角膜翳是一种双侧进行性、角膜炎症性疾病，多种因素参与其发生发展过程。德国牧羊犬、拉布拉多寻回猎犬、边境牧羊犬、灰猎犬和比利时坦比连犬有角膜翳遗传倾向，该病被认为是免疫介导性疾病。其他因素有紫外线辐射和高海拔。

临床症状

- 角膜上有白色、粉色或棕色的色素沉着。还可见起于角膜外缘的血管生成和混浊，并向内发展。
- 角膜表面的变化会影响视力，还可能会引起动物

图9.8 青光眼患病动物眼球摘除术后（图片由Amy Johnson惠赠）

不适。

诊断

● 诊断基于临床症状、病史和全面的眼科检查。

治疗

● 越早开始治疗，动物的预后越好。
● 角膜翳无法治愈，但可以通过药物治疗延缓其发展。
● 主要治疗方法为类固醇药物治疗，包括结膜下注射、类固醇药膏或眼药水。
● 免疫调节疗法可用于抑制免疫反应。
● 其他治疗方法包括浅表角膜切除术、手术切除部分角膜和放射治疗，但这些方法很少被使用。
● 需终身治疗，不能在病情恶化或复发时停止治疗。

客户教育和技术人员建议

● 患角膜翳的动物需要持续监测和复查。
● 紫外线辐射被认为是致病因素之一，因此患角膜翳的动物应避免阳光照射，或在户外时应戴护目镜。

a

b

c

图9.9 a.猫角膜溃疡（图片由显微镜学习中心A.KTraylor, DVM惠赠）。b.猫角膜溃疡。c.猫角膜溃疡和结膜炎（图片由Deanna Roberts 惠赠）

技术要点 9.5：角膜翳与紫外线辐射有关，保护动物不受阳光照射很重要。

干性角膜结膜炎或干眼症

概述

干性角膜结膜炎（KCS，keratoconjunctivitis sicca）是一种泪液缺乏症，可导致慢性黏液脓性分泌物、结膜炎、角膜溃疡和角膜瘢痕化。KCS是犬结膜炎最常见的病因，罕见于猫。在犬，病因包括自体免疫性疾病、药物治疗、犬瘟热、遗传和外伤。在猫，该病与慢性疱疹病毒感染相关。

临床症状

- 临床症状有眼睛发红，浓厚的黏液脓性分泌物，眼周结痂，揉眼睛，眼睛混浊，还可能有角膜溃疡。

诊断

- 临床症状、病史和全面的眼科检查结合泪液测试来诊断KCS。正常的泪液测试结果为18–24mm，而KCS患犬通常小于10mm。

兽医技术人员职责 9.2

需要做泪液测试来诊断和监测包括KCS在内的特定眼科疾病。

治疗

- 治疗的目的是润滑眼睛，刺激泪液生成和减少对角膜的损伤。

- 可使用含抗生素和糖皮质激素的人工泪液和眼膏（仅在无角膜溃疡时）润滑眼睛。
- 催泪和胆碱能药物治疗的目的是增加动物泪液生成。
- 其他药物治疗包括使用免疫调节药物来抑制免疫介导性损伤和溶解黏液的眼药水。
- 有的病例可能需要做腮腺管移植术。

前葡萄膜炎或虹膜睫状体炎

概述

前葡萄膜炎指的是包括虹膜和睫状体在内的眼前房炎症，这是犬、猫最常见的眼部疾病之一。病因包括全身性疾病、外伤、刺激物、白内障形成、肿瘤和特发性病例。

临床症状

- 眼睛外观浑浊，伴有前房细胞中蛋白质增加和炎症所致的前葡萄膜炎。
- 常引起疼痛。
- 其他临床症状有瞳孔缩小、眼内压降低、畏光和眼睑痉挛。

诊断

- 临床症状，病史及检眼镜检查。
- 眼压计测眼内压可确定眼压是否降低和排除青光眼。

治疗

- 治疗取决于病因，但旨在消除原发病因和减少炎症。
- 非甾体类抗炎药或类固醇可用于炎症。在感染所致的病例中，应避免使用类固醇。

- 因感染引起该病可使用抗生素治疗。
- 可以使用睫状肌麻痹药来控制疼痛，还可用扩瞳药扩张瞳孔。

白内障

概述

白内障是晶状体混浊。犬、猫均可发病，但更常见于犬。白内障会导致视力模糊，而密度大的白内障则可引起失明。白内障按发病年龄、位置、病因和严重程度进行分类。病因包括年龄、遗传、辐射、外伤、炎症和系统性疾病，如糖尿病。

临床症状

- 白内障患病动物眼睛呈灰色混浊。

诊断

- 临床症状、病史和检眼镜检查可用于白内障的诊断。检眼镜检查可能需要扩瞳。
- 裂隙灯生物显微镜可提供最佳的晶状体可视化检查。

治疗

- 手术摘除晶状体是治疗白内障的唯一有效方法。
- 一些白内障可能会自动重新吸收，尤其是在幼年动物上，不需要治疗。
- 如果怀疑炎症是致病因素，可使用皮质类固醇治疗。
- 阿托品滴眼液可用于保持瞳孔扩张以缓解疼痛。

客户教育和技术人员建议

- 白内障可导致继发性葡萄膜炎和青光眼。如果不加以治疗，可能会出现晶状体脱位并阻碍眼内液体流动。
- 白内障应与晶状体核硬化相区分，晶状体核硬化是衰老所致的犬眼睛正常混浊。晶状体核硬化不需要治疗。

进行性视网膜萎缩或进行性视网膜变性

概述

进行性视网膜萎缩（PRA，progressive retinal atrophy）是犬、猫的一种遗传性疾病，也称作进行性视网膜变性 （PRD，progressive retinal degeneration），可致视网膜萎缩和失明。该病为双眼发病且不引起疼痛，临床症状出现在动物出生后的头几年。

临床症状

- PRA会使瞳孔扩大，动物主人会描述眼睛"发光"或"发亮"。
- 先出现夜盲症，然后发展到完全失明。临床症状包括定向障碍，害怕黑暗的房间，在黑暗中迷路。
- 白内障的形成常见于该病晚期。

诊断

- 检眼镜可见视网膜血管模式、视神经头和毯区的改变。
- 视网膜电图用于检测视网膜对闪光的反应，可能是必要的诊断检查，尤其是在有白内障的情况下。

治疗

- 该病无真正的治疗方法。
- 一些研究表明，口服抗氧化剂可能可以延缓失明的发生。

客户教育和技术人员建议

- 动物通常能很好地应对失明，但动物主人需要保持家中摆设的一致性，帮助保护动物的安全。应封锁楼梯，且犬在室外时应给犬拴绳。

参考阅读

[1] "Cherry Eye in Dogs." Dog Cherry Eye. Accessed February 26, 2013. http://www.petwave.com/Dogs/Dog-Health-Center/Ear-and-Eye-Disorders/Cherry-Eye.aspx.

[2] "Chronic Superficial Keratitis（Pannus）." Eye Vet. Accessed February 26, 2013. http://www.eyevet.ca/pannus.html.

[3] Cole, Linda. "Responsible Pet Ownership Blog: What Causes Cherry Eye in Dogs, and How to Correct It." Accessed February 26, 2013. http://canidaepetfood.blogspot.com/2010/06/what-causes-cherry-eye-in-dogs-and-how.html.

[4] "College of Veterinary Medicine—Cornell University." Cornealulcers. Accessed February 26, 2013. http:// www.vet.cornell.edu/fhc/healthinfo/cornealulcers. cfm.

[5] "Corneal Ulcer in Dogs." Ulcer on Dog's Eye. Accessed February 26, 2013. http://www.petwave.com/Dogs/ Dog-Health-Center/Ear-and-Eye-Disorders/Corneal- Ulcer.aspx.

[6] "Entropion in Dogs." Pet Information. Accessed February 26, 2013. http://www.petwave.com/Dogs/ Dog-Health-Center/Ear-and-Eye-Disorders/Entropion.aspx.

[7] "Eye Vet Tampa Bay: Corneal Ulcers." Accessed February 26, 2013. http://www.eyevettampa.com/corneal-ulcers-in-animals.html.

[8] "Glaucoma-AnimalEyeCare."Accessed February 26, 2013. http://www.animaleyecare.net/diseases/glaucoma.htm.

[9] "Healthy Dogs." Dog Anterior Uveitis（Soft Eye）: Symptoms, Causes, Treatments. 2007. Accessed February 26, 2013. http://pets.webmd.com/dogs/dog-uveitis-soft-eye.

[10] "Healthy Dogs." Dog Glaucoma Breeds, Causes, Symptoms, and Treatments. Accessed February 26, 2013. http://pets.webmd.com/dogs/dog-glaucoma-symptoms-treatments.

[11] "Healthy Dogs." Dog Pink Eye Symptoms, Treatments, Contagious, and More. Accessed February 26, 2013. http://pets.webmd.com/dogs/conjunctivitis- dogs.

[12] Kahn, Cynthia M. "Small Animal Ocular Disease." In The Merck Veterinary Manual. Whitehouse Station, NJ: Merck, 2005.

[13] "KCS（Dry Eye）." Accessed February 26, 2013. http:// www.marvistavet.com/html/body_kcs__dry_ eye_. html.

[14] McNabb DVM, Noelle. "Epiphora（Excessive Tearing）in Dogs." Accessed February 26, 2013. http://www. petplace.com/dogs/epiphora-in-dogs/page1.aspx.

[15] "Pannus—Animal Eye Care." Accessed February 26, 2013. http://www.animaleyecare.net/diseases/pannus.htm.

[16] "Pannus（Chronic Superficial Keratitis）—Eye Care for Animals." Accessed February 26, 2013. http://www. eyecareforanimals.com/animal-eye-conditions/ canine/271-pannus-chronic-superficial-keratitis. html.

[17] "PRA in Dogs—Animal Eye Care." Accessed February 26, 2013. http://www.animaleyecare.net/diseases/pra.htm.

[18] "Progressive Retinal Atrophy." Eye Vet. Accessed February 26, 2013. http://www.eyevet.ca/pra.html.

[19] "Watery Eyes in Dogs." Accessed February 26, 2013. http://www.petmd.com/dog/conditions/eyes/c_dg_epiphora.

第10章　皮肤疾病

皮肤是机体最大的器官，有许多的功能，包括作为物理屏障抵御环境侵袭，辅助体温控制，以及感官知觉。破坏这个屏障，将使患病动物机体门户敞开，让疾病向更深或全身性疾病方向发展。不论病因是什么，皮肤病常见的临床症状包括瘙痒、皮肤过油或过干、色素沉着（图10.1）、皮肤增厚、红斑和脱毛（图10.2）。由于各类型皮炎的临床症状是相似的，需要获取详尽的病史以及进行完整的体格检查；并通过诊断性检测对疾病进行鉴别诊断。

寄生虫性皮肤感染

跳蚤过敏性皮炎

概述

跳蚤是一种麻烦的犬、猫体外寄生虫，会引起皮炎。跳蚤还能传播细菌性疾病和寄生虫。跳蚤是肉眼可见的小昆虫，没有翅膀，有适于从宿主身上吸取血液的口器。北美的犬、猫身上最常见的跳蚤是猫栉首蚤（猫蚤）和犬栉首蚤（犬蚤）（图10.3）。一个与跳蚤相关的最主要的问题是跳蚤过敏性皮炎（FAD, flea allergy dermatitis），在犬和猫都比较常见，在夏天见到的更为频繁，而在温带气候可全年见到。当进食的跳蚤叮咬宿主动物，其唾液包含的成分会刺激皮肤以及引起过敏相关抗体的形成。

临床症状

- 患有FAD的动物常常可在动物身上或与动物相关的寝具上见到跳蚤或跳蚤污垢（蚤粪）。
- 临床症状因患病动物而异。这些临床症状包括皮炎和瘙痒对感染区域的抓挠、啃咬、舔舐和咀嚼，毛发上的唾液染色，断毛，脱毛，皮肤增厚，色素沉着，红斑，皮屑，结痂和脓疱。
- 皮肤病变见于背部较低的区域、尾巴和腿内侧。
- 强烈的皮肤刺激将导致动物无法休息以及感到不适。
- 自我皮肤损伤常常引起继发性的细菌或真菌感染。

诊断

- 完整的病史结合临床症状和体格检查可以作出初步诊断。有必要对其他皮肤疾病进行排除，如果能够发现跳蚤，对于最终诊断非常有帮助。
- 确诊需要进行皮内（ID）或血清学检测。

治疗

- 跳蚤的预防和控制是治疗患病动物的关键。抗寄生虫药物能够帮助患病动物去除跳蚤。

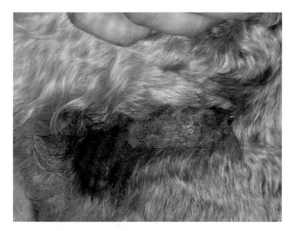

图10.1 皮肤病患犬身上的色素沉着、脱毛和脓皮病（图片由显微镜学习中心A.K.Traylor兽医博士惠赠）

图10.2 皮肤病患犬表现出的脱毛症（图片由显微镜学习中心的A.K.Traylor兽医博士惠赠）

- 消除环境中成熟/成年的跳蚤及生命周期中更早阶段的幼虫对于预防复发来说是必要的。使用杀虫剂，定期清洗犬窝以及使用吸尘器有助于实现这一目标。

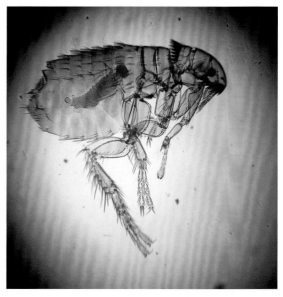

图10.3 跳蚤在显微镜下的图像，栉首蚤属（图片由Amy Johnson和Bel-Rea动物技术研究所惠赠）

技术要点 10.1：治疗跳蚤感染时，环境的处理对于预防复发来说是极为重要的。

- 在无法完全消除跳蚤时，可以考虑采用包括糖皮质激素和药浴在内的保守治疗方法。
- 当发生继发性皮肤感染时，可能需要使用抗生素。
- 脱敏治疗（脱敏针）在一些情况下可能会有帮助，尤其是动物无法摆脱跳蚤的情况。

蜱虫

概述

蜱虫（图10.4）是蜱目的小蛛形纲动物，是以动物的血为食的专性体外寄生虫。根据是否有一个硬的甲或壳，蜱虫分为两大类：硬蜱和软蜱。犬和猫会发生蜱虫感染，但犬更为常见，因为犬在户外活动，容易与蜱虫处于同一环境中，比猫更容易与蜱接触。在北美，蜱虫品种很多，每种蜱虫能够传播多种传染性疾病，包括病毒、细菌和其他寄生

图10.4 蜱虫在显微镜下的图像（图片由Amy Johnson和Bel-Rea动物技术研究所惠赠）

虫。其他与蜱虫相关的疾病包括蜱瘫痪、贫血、局部皮炎以及中毒。在蜱虫唾液中的毒素能够导致蜱瘫痪，一种见于犬宿主的问题。这些毒素在蜱虫进食时被释放进动物的血液，且毒素会影响犬的中枢神经系统。

临床症状

- 动物主人或兽医工作人员常常会直观地见到蜱虫或蜱虫附着于动物体表的证据。蜱虫附着的位置可能会出现一个小的凸起的结节，一些动物的反应更明显（图10.5）。
- 有蜱瘫痪的患病动物表现为肌肉松弛，导致瘫痪或无力。临床症状在蜱虫附着后的6-9d出现，包括共济失调、高血压、心动过速、后肢无力、反应能力差、吞咽困难、唾液分泌过多、瞳孔散大和呕吐。巨食道症继发于肌肉无力，可能会引起反流和吸入性肺炎。

诊断

- 发现蜱虫及其相关临床症状，以及完整的体格检查和病史有助于作出诊断。
- X线片可用显示继发于蜱瘫痪的巨食道症的影像。

治疗

- 首先小心地移除蜱虫。蜱虫应当用尖头的镊子夹住，尽可能接近蜱虫的头部进行移除。为了尽可

a

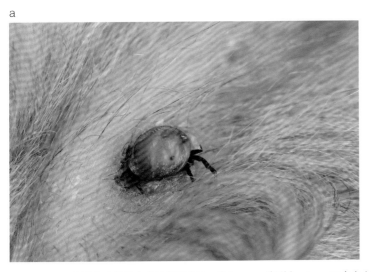

b

图10.5 a. 一只猫身上的蜱虫（示意图由Henrik Larsson惠赠）。b. 一只犬身上的蜱虫（示意图由Eric Isselee惠赠）

能将蜱虫的口器移除，提供稳定向上的压力，不对蜱虫进行扭转是非常重要的。一旦完成移除，该部位应当进行彻底的清洁。

- 杀虫剂药浴可以用于消除蜱虫和防止蜱虫再次附着。

- 治疗的目标是缓解动物特定的临床症状，对于严重的蜱瘫痪病例可能还需要吸氧和辅助通气。

客户教育和技术人员建议

- 蜱虫控制对于蜱虫相关问题的预防至关重要。预防蜱虫的药物包括局部用药、滴剂、喷剂和洗剂。

- 避免进入蜱虫生活的环境，在户外活动后检查动物身上有无蜱虫。如果有，立即移除，也有助于疾病的预防。

耳螨

概述

耳螨和耳痒螨（图 10.6）在犬和猫身上都能够见到，在猫身上更为常见。这些螨虫寄生在耳道，进食时会刺入皮肤。它们是外耳炎常见的病因。

> **技术要点 10.2：** 与犬相比，耳螨在猫上更为常见。高风险的类型包括能去户外活动的猫和宠物店饲养在一起的猫，特别是幼猫。

临床症状

- 耳螨感染通常是双侧的，临床症状包括耳朵内厚厚的"咖啡渣"样耳分泌物。剧烈的瘙痒导致抓挠耳朵、摇头和下垂的耳朵。

- 严重的病例可能会导致鼓膜破裂和化脓性耳炎。

诊断

- 使用检耳镜对耳朵进行检查，结合临床症状和病

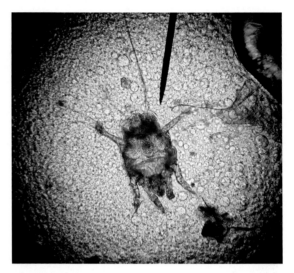

图10.6　显微镜下的耳螨（图片由Bel-Rea动物技术研究所惠赠）

史将有助于疾病诊断。

- 通过用拭子擦拭耳朵收集耳分泌物样本将进一步支持诊断。将此分泌物涂在玻片上，添加矿物油进行悬浮，用显微镜镜检，可观察到耳螨和虫卵。

治疗

- 抗寄生虫药物与耳部清洁剂联合使用。这些药物通常是滴耳剂形式的局部制剂。

疥螨

概述

疥螨和犬疥螨（图 10.7）是具有高度的传染性的人畜共患病。这些螨虫是微小的，圆形的，有一个明显的头部和四对足。它们通常是宿主特异性的，但可以跨种系感染非原始宿主的物种，包括人类。它们通过直接接触传播，会在宿主身上引起皮炎。

> **技术要点 10.3：** 疥螨是具有高度传播性的人畜共患病，与严重的瘙痒相关。

图10.7 显微镜下的疥螨图像（图片由Bel-Rea动物技术研究所惠赠）

临床症状

- 疥螨与会引起自我损伤的急性剧烈瘙痒有关。
- 病变常见于身体腹侧、四肢和耳朵，表现为由痂皮、鳞屑和增厚的皮肤组成的斑块。
- 继发性脓皮病很常见。
- 感染可发展为全身性疾病，严重时可能导致淋巴结肿大、消瘦和死亡。

诊断

- 临床症状、体格检查和病史将有助于诊断。疥螨具有高度的传染性，所以家里的其他动物和人也可能会有类似的临床症状。
- 表皮刮片和显微镜观察有助于发现螨虫。需要对多个区域进行刮片，否则螨虫有可能被漏诊。皮肤刮片不总是能成功发现螨虫，而且不能因为一个阴性的皮肤刮片结果就排除螨虫感染。
- 抗体ELISA可用于进一步诊断。
- 在一些病例中，尽管没有明确的诊断，可以先对动物进行治疗，以观察动物的治疗反应。

治疗

- 治疗方法包括局部或全身性的抗寄生虫药物治疗，药浴和滴剂。

客户教育和技术人员建议

- 因为螨虫具有高度的传染性，家里所有的犬或与之有直接接触的犬都应接受治疗。

蠕形螨

概述

蠕形螨是一种寄生在犬和猫毛囊和皮脂腺的螨类，在猫身上比较少见。在犬身上可发现犬蠕形螨（图 10.8），在猫身上可发现猫蠕形螨或戈托伊蠕形螨。因为螨虫的形态，蠕形螨又被称为雪茄螨。它们是微小的螨虫，身体细长半透明，有四对短腿。正常情况下，犬身上有少量螨虫存在，当存在大量螨虫时，就会引起侵扰和感染。感染的风险因素包括年龄、免疫系统和遗传倾向。局部和全身性感染都可能发生，而且可能会引起其他皮肤问题和感染。

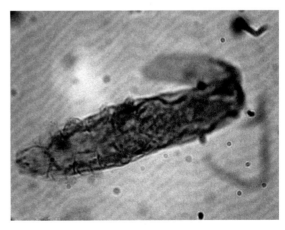

图10.8 犬蠕形螨在显微镜下的图像（图片由Bel-Rea动物技术研究所惠赠）

临床症状

- 临床症状包括红斑、不同程度的瘙痒、脱毛和皮肤色素沉积（图10.9）。
- 可能出现继发性脓皮病（图10.10）。
- 全身性感染可能出现发热、蹄皮炎、精神沉郁、蜂窝织炎和淋巴结肿大。

诊断

- 临床症状、体格检查、病史以及排除其他皮炎将有助于诊断。

> 技术要点 10.4：蠕形螨的诊断需要深部皮肤刮片，因为螨虫生活在毛囊内。少量的螨虫在犬和猫身上是正常的，当发现大量的螨虫与相关的临床症状时才能作出阳性诊断。

- 深部皮肤刮片可能找到螨虫。收集到的样本浸在矿物油中在显微镜下进行检查。

治疗

- 一些病例能够自我缓解，然而大多数患病动物需要通过药浴、滴剂和抗寄生虫药物进行治疗。

虱子

概述

　　虱子是专性体外寄生虫，生活在大多数动物的皮肤和皮毛上（图10.11）。虱子是通过直接接触传播的，大多数具有品种特异性，它们不经常跨种系传播。动物身上的虱子分为两类：咀嚼或啮毛虱子（食毛目）和刺吸虱子（虱目）。虱子是没有翅膀的扁平昆虫，通常有2-4mm长，肉眼可见，通

图10.9　蠕形螨引起的睑缘炎（图片由Deanna Roberts惠赠）

图10.10　蠕形螨伴发严重脓皮病（图片由显微镜学习中心的A.K.Traylor兽医博士惠赠）

a

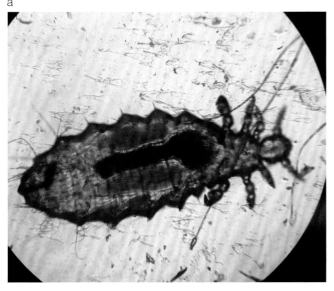

b

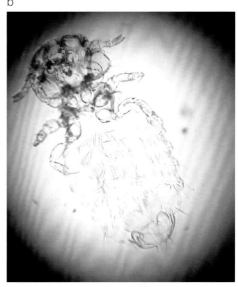

图10.11　a. 啮毛虱在显微镜下的图像（图片由Geoff Chevalier/Bel-Rea动物技术研究所惠赠）。b. 啮毛虱在显微镜下的图像（图片由Bel-Rea动物技术研究所惠赠）

过咬和咀嚼皮肤碎片或吮吸动物宿主的血液存活。

临床症状

- 虱子是肉眼可见的，动物主人或兽医人员可以肉眼发现它们。
- 虱子感染常引起瘙痒性皮炎。宿主会有抓挠、摩擦或啃咬皮肤和皮毛的症状。这将导致动物外观杂乱，脱毛，或有粗糙、干燥、缠结的皮毛。
- 刺吸式虱子可能引起贫血。
- 由于持续的刺激存在，宿主常常躁动不安。

诊断

- 临床症状、病史和体格检查有助于作出诊断。

> 技术要点 10.5：虱子是为数不多的肉眼可见的体外寄生虫之一，几乎不需要实验室检查就可以作出诊断。

- 虽然虱子不用显微镜检查就可以看得见，但在显微镜下观察可以对虱子和其他寄生虫进行明确区分。

治疗

- 抗寄生虫药物治疗，包括局部喷雾剂或药膏、倾注剂和药浴香波。
- 另外，有一些全身性药物可以使用。

客户教育和技术人员建议

- 梳毛用品和环境可能会传播虱子，因此卫生条件是阻止虱子传播的重要一环。如果动物体表、窝垫和生活环境没有清洁，它们可能会再次感染。

黄蝇属幼虫或马蝇幼虫

概述

在涉及苍蝇，特别是那些被归类为马蝇（黄蝇属）的苍蝇时，成虫可以作为疾病的媒介，但更麻烦的是在犬、猫、雪貂、啮齿动物和兔子的皮下组织中发育的幼虫。幼虫在宿主动物组织中发育的这种疾病被称为"蝇蛆病"。这些苍蝇通常是宿主特有的。成年雌性在有宿主动物的环境中产卵，动物在被污染的地区内感染上这些虫卵。在体温的作用下，虫卵在动物的皮肤上孵化，然后通过伤口、鼻孔或嘴巴进入到宿主体内。接着它们将会移行到皮下组织，并在动物体表产生一个肉眼可见的呼吸孔。大约一个月后，蛹通过孔从皮肤里出来。移行的过程中通过呼吸系统和大脑时，会导致这些系统出现病症。黄蝇通常出现在夏季的月份，常见于散养或流浪猫。

临床症状

* 蝇蛆疖肿是有明显呼吸孔的直径大约1cm的皮下肿物，一般见于头部、颈部或躯干。这些皮下肿物可能会有疼痛反应。宿主，特别是猫，倾向于过度清理这些区域。该部位易继发细菌感染，可能出现化脓性渗出物。
* 在虫体移行的时候，可能出现神经和呼吸道症状。这些症状包括精神沉郁、上呼吸道感染、发热或低体温、抽搐、失明、精神失常、共济失调以及前庭疾病。

诊断

* 临床症状和可见的蝇蛆疖肿。幼虫一旦被移除，就可以用于鉴定。
* CT和MRI扫查可能有助于观察猫体内的移行损伤。

治疗

* 应当用镊子将病变部位的呼吸孔扩大，尽可能将幼虫完整地移除。虫体的破裂可能会导致宿主出现继发感染或过敏反应。
* 病变部位应当进行冲洗，促使其愈合。
* 开具抗寄生虫药，用于杀死所有移行阶段的幼虫。

客户教育和技术人员建议

* 由于寄生虫移行阶段造成的损伤，部分猫可能会有终身性的神经症状。

兼性致蝇蛆病蝇类或蝇蛆

概述

很多蝇类被划分到兼性致蝇蛆病的类别，最为常见的是丽蝇科的绿头苍蝇。这种蝇的幼虫阶段被称为蛆，通常在犬、猫的皮肤创口上。成年的蝇虫被动物创口处的肉组织所吸引，在肉中产卵。幼虫会在24h内孵化，然后在皮下组织自由移动，被称为侵袭。蝇蛆通常不采食活组织，而是以坏死的组织和渗出物为食。但是蝇蛆会对新生成的组织层造成损伤，在皮肤内形成隧道，从而引起进一步的组织损伤。

这种组织损伤是形成更多蝇蛆的主要环境。如果该过程没有被阻止或治疗，将会发展为致死性的疾病。宿主会因休克、组织溶解或继发性感染而发生死亡。这种情况见于室外饲养的动物，尤其是生活在潮湿的环境中的动物。

> 技术要点 10.6：蝇蛆通常不采食活组织。大多数动物在感染之前就存在组织损伤。为了避免感染，组织创口愈合前应保持创口干燥，并将动物饲养在室内。

临床症状

* 蝇蛆肉眼可见；可发现多达上千条小而细的、管状的蠕虫，约为米粒大小。也能在动物身上见到组织中的隧道。
* 宿主在感染之前就存在组织损伤。
* 受损的组织和蝇蛆有一种刺激而特殊的气味。

诊断

- 临床症状、体格检查和病史有助于疾病诊断。观察到蝇蛆和组织损伤就可以直接作出诊断。
- 蝇的种类可以通过在显微镜下观察幼虫来确定。

治疗

- 治疗方法包括剃除毛发和移除蛆虫。这个过程可能会耗费较长时间，因此可能需要镇静或麻醉后再操作，保证动物感到舒适。

兽医技术人员职责 10.1

兽医技术人员通常会授权执行体外寄生虫的移除任务，包括蜱虫和蝇蛆。

- 根据患病动物的临床症状提供支持性治疗，可能包括静脉输液以及在动物愈合期间给予镇痛药物。

客户教育和技术人员建议

- 预防方法包括密切关注皮肤伤口，将有组织损伤的动物养在没有苍蝇的地方。
- 由于蝇虫会被尿液和粪便吸引，如果将动物的毛发梳理干净，避免动物毛发沾染尿液和粪便，就可以有效避免蝇虫。
- 环境中不应有任何会吸引蝇虫的东西，包括积水、垃圾和粪便。
- 应注意保持动物皮肤干燥以及将动物饲养在干燥的环境中。

皮肤真菌感染

酵母菌

概述

厚皮马拉色菌是一种常见于犬、猫正常皮肤上的酵母菌，当其过度生长时就会导致皮肤和耳朵的炎症。过度生长的原因包括皮脂溢、过敏、先天性皮肤病、激素失衡以及适宜的温度和湿度。耳朵长而下垂的犬耳部感染真菌的风险较高，因为耳道中空气无法流通，湿气在耳中滞留，为真菌的生长创造了完美的环境。

> **技术要点 10.7：** 酵母菌是皮肤和耳朵感染的常见病因，尤其是在潮湿和油腻的环境会快速生长。

临床症状

- 皮炎和皮肤刺激，伴有皮脂溢、脱毛、瘙痒、红斑、色素沉着、皮肤增厚以及一种特殊的酵母菌气味。
- 耳朵会有深棕色分泌物和瘙痒。动物抓挠耳朵可能会引起耳血肿。

诊断

- 临床症状、体格检查和病史有助于作出初步诊断。
- 对耳分泌物或皮肤表面样本进行显微镜细胞学检查。评估样本中是否有紫色的（用Diff Quik或革兰氏染色）出芽的卵圆形结构（图10.12）。

治疗

- 抗真菌药物治疗与药浴香波、耳朵清洗和干燥剂相结合。
- 治疗和预防的一个重要环节就是保持皮肤干燥不油腻，以及保持耳道的干燥。
- 如果酵母菌的过度生长是继发于潜在的疾病，要尽可能地治疗原发性疾病。

客户教育和技术人员建议

- 酵母菌的过度生长通常会复发，需要对动物进行监测，出现临床症状时就需要进行治疗。

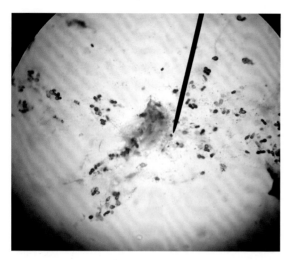

图10.12　犬耳细胞学检查，显微镜下的厚皮马拉色菌（图片由Bel-Rea动物技术研究所惠赠）

皮肤真菌病或癣菌病

概述

皮肤癣菌病是一种真菌生长在皮肤上而引起的感染，也叫作皮肤真菌病。北美的犬、猫身上通常可见的三种类型的真菌分别为小孢子菌、石膏样孢子菌和须毛癣菌。多种动物都有过癣菌感染的报道，包括犬和猫。犬小孢子菌是犬、猫身上最为常见的一种皮肤癣菌，而且是一种人畜共患病。皮肤真菌通过直接接触和媒介物传播，会在角化的组织上生长，如皮肤、毛皮和指甲。尽管不是所有接触过的动物都会被感染，但癣菌确实具有传染性。临床症状出现与否取决于病原微生物的种类、宿主的免疫系统、宿主的年龄和需要接触到的病原微生物数量。

临床症状

- 皮肤癣菌感染的临床症状包括毛发断裂、脱毛、皮屑、有硬皮的圆形/环形病变、丘疹和脓疱。红斑和瘙痒的状况在物种之间有所不同。
- 猫可能会成为没有症状的携带者。

诊断

- 临床症状、体格检查和病史有助于疾病诊断。
- 使用皮肤真菌鉴别琼脂（DTM，dermatophyte testing media）进行真菌培养可以用于诊断。从患病动物的病变处收集毛发和皮屑，放在琼脂上，然后在室温或37℃培养。每天检查琼脂培养基的生长情况，应该会在3~7d内出现提示，但在一些病例中可能会需要更久的时间。在有皮肤真菌生长的情况下，琼脂培养基会出现从黄色到红色的颜色变化（图10.13）。
- 可直接进行显微镜检查，用乳酚棉蓝（LPCB）染色寻找孢子。通常用透明胶带收集宿主病变部位的毛发或皮屑。滴一滴染液在载玻片上，然后将胶带放在载玻片的染液上。通过显微镜观察载玻片，寻找皮肤真菌的孢子（图10.14）。
- 也可以使用伍德氏灯进行检查。皮肤真菌感染可能会发出苹果绿的荧光。这是一种很好的筛查工具，但不是确诊方法。没有出现荧光的动物并不能排除皮肤真菌感染。

治疗

- 这种感染对很多动物来说是一种自限性疾病，尤其是那些短毛的动物。
- 可以开具全身性或局部的抗真菌药物，如局部抗真菌乳膏，石灰硫黄合剂和抗真菌药浴香波。

客户教育和技术人员建议

- 必须对生活环境进行处理，污染的环境可能会导致再次复发。可使用稀释的消毒液或其他标示可以杀灭皮肤真菌的清洁剂。如果将物品放在屋外，阳光也能够杀灭病原微生物。
- 用吸尘器进行打扫对于清洁环境来说是一个重要的步骤，然而这也可能会帮助传染性孢子进行扩散。清空吸尘器清洁袋，用消毒剂浸泡吸尘器的部件可以防止对环境的进一步污染。

a

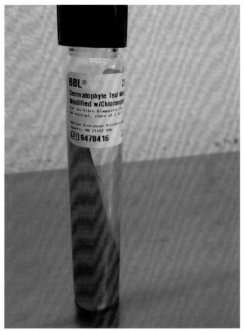

b

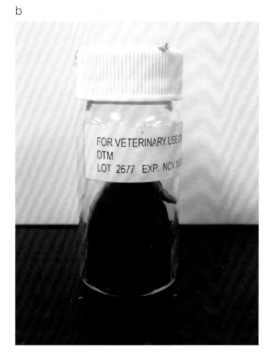

图10.13　a. 使用前的DTM。b. 阳性的DTM显示出颜色的改变（图片由Bel-Rea动物技术研究所惠赠）

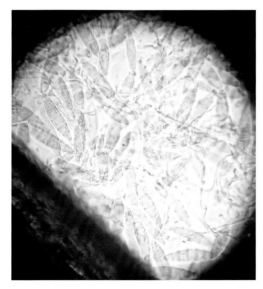

图10.14　显微镜下的藓菌图像，犬小孢子菌，通过透明胶布收集后用乳酚棉蓝染色（图片由Bel-Rea动物技术研究所惠赠）

> 技术要点 10.8：皮肤癣菌病治疗包括对环境的处理。真菌孢子会留在环境中持续地传播，增加复发的概率。

其他皮肤疾病

脓皮病或细菌性毛囊炎

概述

　　"脓皮病"是皮肤感染的通称，字面意思是皮肤上有脓液。造成脓皮病的原因包括感染、肿瘤和炎症。最常见的原因是细菌感染，特别是中间葡萄球菌，一种存在于犬、猫皮肤上的条件致病菌。脓皮病通常见于犬，极少见于猫。这种疾病可能是原发的，也可能继发于其他潜在的疾病，如过敏、营养性疾病、寄生虫、皮脂溢、猫粉刺以及免疫抑制性疾病（FIV或FeLV）。原发性感染是没有其他潜在疾病的皮肤感染。脓皮病也可以按感染的深度分类为浅表性和深部脓皮病。温暖、潮湿的部位和压力点最容易感染，因为它们是细菌生长的主要场所。

临床症状

- 按照严重程度和病因的不同，临床症状因动物而异。症状包括瘙痒、结痂和脓疱、皮屑、脱毛、气味、脓性渗出物、可能出血、疼痛、红斑、溃疡和炎症。

诊断

- 临床症状、病史和完整的体格检查有助于疾病诊断，但无法确定具体的病因。
- 确定具体的病原微生物需要检测潜在的病因、压片检查和细菌培养。应进行药敏试验以确定最佳疗程。

治疗

- 为了完全治好该病，有必要对潜在的病因进行治疗。
- 全身性和局部的抗生素疗法可用于细菌性病因的治疗。
- 对病变部位的长被毛进行梳理和清洁有助于疾病治疗，保持病变部位清洁和皮肤干燥有助于疾病治愈。

兽医技术人员职责 10.2

在治疗皮肤病时，兽医技术人员通常承担清理被毛的职责。很多病例需要给药或进行治疗性药浴或者滴剂。一些患病动物可能还需要剃毛和对创口或感染区域进行清洁。

- 药浴会让动物感到更加舒适，而且能够清除皮肤碎屑。

客户教育和技术人员建议

- 根据潜在病因的不同，尤其是无法控制时，可能会复发。

皮脂溢

概述

皮脂溢是一种以皮肤异常角化为特征的疾病，导致皮屑产生，出现油性的或干燥、干裂的皮肤。皮脂溢有油性和干性两种类型，大多数动物两者兼有。皮脂溢会导致毛囊阻塞、发炎和感染。与猫相比，犬患该病更为常见，原发或继发都有可能。继发于其他潜在疾病的情况更为常见，这些潜在病因使动物容易出现油性、干燥的皮肤。马拉色菌（酵母菌）、细菌感染、脱毛、内分泌疾病、过敏、膳食性缺乏以及自体免疫性疾病可能会导致皮脂溢。原发性皮脂溢是一种遗传性疾病。有家族病史的年轻动物很早就会出现临床症状，并随着年龄的增长而发展。无论是哪种情况，无论是油性或干性皮肤，患病动物都更容易感染病原微生物和出现自我损伤。

> 技术要点 10.9：皮脂溢有两种类型：干性或油性，大多数动物两者兼有。

临床症状

- 临床症状包括炎症、瘙痒、皮肤油腻、结痂、皮屑和皮肤增厚、色素沉积、脓疱、异味和脱毛。
- 自我损伤造成的伤口会导致继发性细菌或真菌感染。

诊断

- 体格检查，临床症状和病史有助于疾病诊断。
- 表皮细胞学检查可用于辨认真菌、细菌或炎性细胞（中性粒细胞）。严重的病例可能需要进行皮肤活检。

- 发病年龄，临床症状的严重程度以及病史可能会有助于鉴别特定病因。
- 其他疾病可以通过全血细胞计数、血液生化和尿检进行排除。

治疗

- 原发性皮脂溢无法治愈，治疗的主要目的是让动物感到舒适。
- 治疗继发性疾病需要控制潜在的病因。
- 保守治疗包括适合患病动物皮肤的局部香波，脂肪酸、维生素和矿物质营养补充剂。
- 继发性疾病需要在诊断后加以治疗。抗生素可用于细菌感染的治疗，如果有酵母菌感染则使用抗真菌药物，如果过敏，则使用抗组胺的过敏药。

客户教育和技术人员建议

- 如果诊断为原发性皮脂溢，该疾病将需要终身管理和兽医指导以保持动物感到舒适。
- 营养管理是维持治疗的关键因素。

急性湿性皮炎或创伤性皮炎或湿疹

概述

湿疹是急性局部皮炎，发生在潮湿的部位，常见于犬，很少见于猫。当动物舔、咬或梳理这个区域，炎症和感染将会恶化。这些病变会继发于其他皮肤问题，最常见于皮毛厚的品种，会使水分滞留在表皮上。其他常见的病因包括寄生虫和过敏，也可见于无聊或应激的动物过度梳理毛发，特别是爪部和四肢末端。

临床症状

- 急性出现的圆形红斑块、炎症、脱毛和毛发唾液染色。

诊断

- 临床症状、完整的体格检查和病史都是诊断湿疹所必需的信息。
- 如有必要，可以对病原体进行确诊。

治疗

- 对病变部位进行修剪和清洁，清除皮肤脱落物和毛皮，以便更好用药。
- 局部抗生素/皮质激素软膏可单独使用或与全身性药物联合使用。
- 必须限制动物舔舐，在大多数情况下需要戴伊丽莎白圈。
- 对诱发因素进行处理以防止湿疹复发。

客户教育和技术人员建议

- 预防不仅需要确定潜在病因而且需要保持皮肤干燥。毛发厚长的动物在湿热的月份可能需要梳洗。

> **技术要点 10.10**：无聊和应激的动物过度梳理毛发是湿疹的重要病因，在治疗时应加以解决。

异位性皮炎或过敏性皮炎

概述

异位性皮炎是一种由吸入或皮肤吸收环境过敏原引起的疾病，以动物产生过敏相关抗体（IgE）为特征。该病在可能有遗传倾向的犬、猫身上都可以看到，虽然所有的动物都有患病的风险，纯种动物比混血犬或家猫的患病风险更高。发病时间通常在最初的几个月或几年（1–3年最为常见）。异位性皮炎可能是季节性发病，也可能是全年性发病，取决于致病的过敏原。因为春秋两季花粉的数量最多，季节性过敏在这期间病情加重。室内过敏原（如粉尘、烟雾或谷物）也会导致异位性皮炎。

技术要点 10.11：术语"异位"用于接触或吸入过敏原的病例。这类过敏可能与室外的过敏原或动物生活的室内环境中的某些物质有关。

临床症状

- 瘙痒导致动物抓挠耳朵和身体下方、舔舐、啃咬和磨蹭面部。
- 其他异位性皮炎的临床症状包括流鼻涕、流泪、打喷嚏、毛发上有唾液着色、红斑（图10.15a）、皮屑、结痂、脱毛、色素沉积和皮肤增厚以及耳炎。
- 皮脂溢、脓皮病（图 10.15b）和自我损伤导致病情复杂化。

诊断

- 临床症状、体格检查和病史，排除其他皮炎病因是疾病诊断的开始。
- 可以通过皮内或血清学过敏原检测进行确诊。

治疗

- 治疗的选择包括免疫疗法或通过过敏疫苗进行脱敏治疗。患病动物暴露在特定的过敏原中，进行免疫脱敏。
- 保守治疗包括使用抗组胺药、糖皮质激素、抗生素、脂肪酸、药浴香波和免疫抑制剂（环孢菌素）。
- 理想状况下，动物生活的环境应当去掉过敏原，但这几乎是不可能做到的。为了减少临床症状，

a

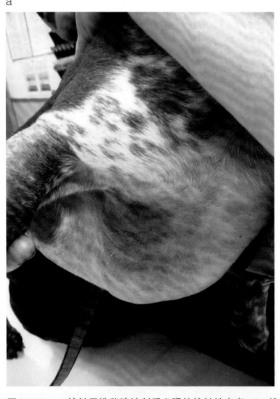

b

图10.15 a. 接触了地毯清洁剂后出现的接触性皮炎。b. 接触了地毯清洁剂后出现的伴有轻度脓皮病的接触性皮炎（图片由Deanna Roberts惠赠）

动物应当饲养在室内，且在花粉较多的季节应保持窗户关闭，宠物寝具应当常常清洗，空气管道应采用优质过滤系统进行清洗。

- 大多数动物对综合治疗反应最好。

兽医技术人员职责 10.3

异位性皮炎的其中一种治疗选择是注射过敏针以达到脱敏的目的。通常兽医技术人员会训练主人注射这些针，也有一些动物主人会将他们的动物带到诊所让医院工作人员进行注射。

客户教育和技术人员建议

- 这是一种终身疾病，需要长期管理和随访。免疫疗法需要与兽医长期合作，并且主人愿意给动物进行注射。治疗费用会很高。

食物过敏

概述

　　食物过敏以对食物中抗原产生过敏反应为特征，通常是食物中的碳水化合物或蛋白质。这些对于犬、猫来说都是常见的过敏原，通常发生在犬、猫幼龄时期。在成年犬、猫发病的病例中，通常饲喂过敏原时间超过2年。食物过敏常表现为胃肠道和皮肤问题。许多有食物过敏的动物可能也会有吸入性或接触性的过敏。

临床症状

- 除了不是季节性发病外，食物过敏的临床症状与异位性皮炎很相似。这些症状包括瘙痒、红斑（图10.16a）、耳炎（图10.16b）、皮脂溢、脓

a

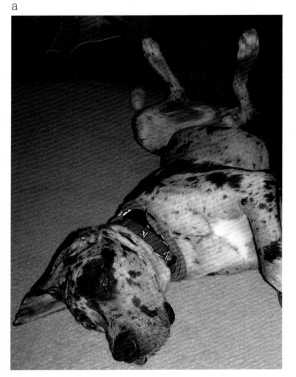

b

图10.16　a. 食物过敏性皮炎，腹侧和耳部有红斑。b. 食物过敏性皮炎引起耳炎和由于自我损伤而导致的耳血肿（图片由Amy Johnson惠赠）

疱、自我损伤性皮肤病变以及继发的细菌性和真菌性皮肤和耳道感染。

诊断

- 根据临床症状、体格检查和病史，排除其他皮炎病因有助于疾病诊断。
- 严格的食物排除日粮有助于诊断和找出致病抗原。
- 可采用血清和皮内食物过敏性试验，但可靠性仍待确定。

治疗

- 饲喂低敏处方粮可以避免接触致病过敏原，将能够缓解临床症状（如果没有其他过敏原）。大多数动物对无谷的、仅含一种新蛋白质和碳水化合物原料的成分限制日粮反应良好。也可以选择饲喂含水解或者变性蛋白质的日粮。

客户教育和技术人员建议

- 食物过敏是终身的，随着时间的推移，动物可能会对新的食物成分过敏，导致临床症状复发。
- 应严格限制饮食，包括限制零食和餐桌食物。
- 不是所有日粮都不含过敏原。应鼓励主人好好地阅读食物的标签。过敏原可能并没有列在成分列表的前面，可能是位于较后面其他成分。例如，以羊肉作为主料的日粮可能用鸡汤或脂肪作为调味剂。

> 技术要点 10.12：应严格饲喂限制成分的日粮。不仅仅是主食，动物主人应当对零食、营养补充剂、餐桌食品中的过敏原进行限制。

表皮包涵囊肿或皮脂腺囊肿

概述

皮脂腺囊肿是由于毛囊或皮肤毛孔被污垢、皮脂、疤痕组织或感染堵塞而产生的良性囊肿。

临床症状

- 皮脂腺囊肿表现为隆起的结节状囊肿（图10.17）。如果这些囊肿有开口，它们会排出厚厚的蜡状或脂肪样的白色、灰色、棕色或黄色的分泌物。

诊断

- 根据临床症状和体格检查能够进行初步诊断。
- 可以通过细针抽吸进行确诊，但有时可能需要进行切除和组织活检来确诊。

治疗

- 一些皮脂腺囊肿病例会自行恢复，但很多病例还是需要手术切除。
- 如有需要，可以使用抗生素或糖皮质激素对继发性感染和炎症进行治疗。

猫粉刺

概述

猫粉刺是和人粉刺类似的一种疾病，发生在

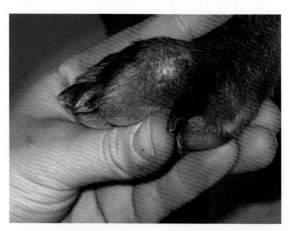

图10.17 皮脂腺囊肿（图片由显微镜学习中心的A.K. Traylor，DVM惠赠）

猫的下巴和唇边的皮脂腺。这种情况是由皮肤毛孔堵塞造成的，通常伴有皮脂和角质形成过多。病情可表现为急性或慢性。许多病例是自发性的，但有些可能与皮脂溢、应激、不良的理毛习惯以及使用塑料碗装食物或水有关。

> 技术要点 10.13: 猫粉刺严重程度各异，很多猫症状很轻微，而其他猫会有开放性的损伤和继发性并发症。

临床症状

- 猫会出现明显的黑头（图10.18）或丘疹样的脓疱。这些病变可能会溃烂、出血或产生脓性分泌物。
- 病变部位可能会产生瘙痒，导致过度抓挠下巴和脱毛。

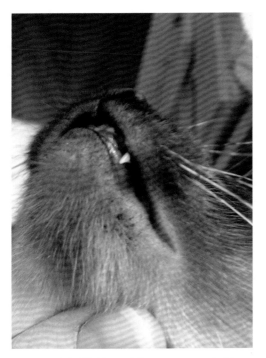

图10.18 轻度的猫粉刺（图片由Amy Johnson惠赠）

- 自我损伤和开放性的病变还可能会导致继发性脓皮病。

诊断

- 通过临床症状和体格检查可以确诊。
- 如果怀疑存在脓皮病，可以对病变部分进行细胞学检查。

治疗

- 用含药的磨砂膏进行清洁即可治疗大多数病变。可能需要对长毛猫下巴部位剃毛以简化清洁过程。
- 当出现皮脂溢或脓皮病时，可以用药浴香波进行治疗。
- 一些病例可能需要使用抗生素，尤其是怀疑存在继发性细菌感染的时候。
- 严重的病例可能会需要对病变部位进行切开和冲洗。

客户教育和技术人员建议

- 因为猫粉刺可能与使用塑料盆有关，很多猫在换成陶瓷或不锈钢碗后症状缓解。

源于皮肤和相关结构的肿瘤

皮肤肥大细胞瘤

概述

肥大细胞存在于身体的任何部位，但在皮肤上高度集中。由这些肥大细胞形成的肿瘤是犬中最常见的潜在恶性肿瘤，是猫中第二常见的皮肤肿瘤，尽管大多数猫的肥大细胞瘤（MCT，mast cell tumors）是良性的。这些肿瘤可以在任何地方发现，也可以在任何年龄的动物身上发现。当肥大细胞释放破坏性的组胺时，MCTs的损害性增加，组胺可以导致进一步的组织损伤和胃部问题。

技术要点 10.14：肥大细胞瘤可见于身体的任何部位，由于组胺释放造成的损伤，会导致全身性并发症。

临床症状

- 一个MCT表现为凸起的结节状肿瘤，肿瘤结节质地柔软或坚实。肿块的外观各异，差异较大（图10.19）。
- 猫倾向于在头部和颈部长出单一的结节，周围没有毛发生长。患MCT的猫通常为中年猫，暹罗猫似乎比其他品种的猫更有患病倾向。
- 犬通常会在躯干部、趾间区域和四肢部位发现多个肿块。有遗传倾向的品种包括拳师犬、英国斗牛犬、波士顿㹴、沙皮犬、拉布拉多、金毛寻回猎犬、雪纳瑞和可卡犬。

诊断

- 临床症状、病史和体格检查有助于诊断和排除其他病因。
- 可以通过细针抽吸进行诊断（图10.20）。
- 细针抽吸不仅能够进行确诊，还能够对肿瘤进行分级。MCTs可分为Ⅰ-Ⅲ级，其中Ⅲ级的预后最差。

治疗

- 肿瘤应当通过外科手术切除，切除边缘要宽而深。猫也很适合采取冷冻手术切除的方法进行治疗。
- 放射治疗、热疗和皮质类固醇疗法常常与手术治疗相结合，通常综合运用多种方法进行治疗。
- 动物也可以用抗组胺药来阻止或减缓肥大细胞释放组胺。

客户教育和技术人员建议

- 预后取决于所处的阶段，但犬的预后通常比猫更为谨慎。
- 猫通常预后良好，除非肿瘤位于内脏。

皮肤组织细胞瘤

概述

组织细胞瘤通常是由具有免疫功能的组织细

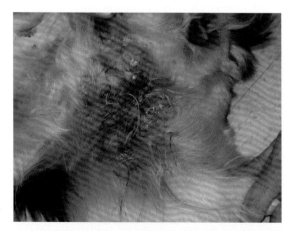

图10.19 在犬的腹股沟部位的肥大细胞瘤（图片由显微镜学习中心的A.K.Traylor，DVM惠赠）

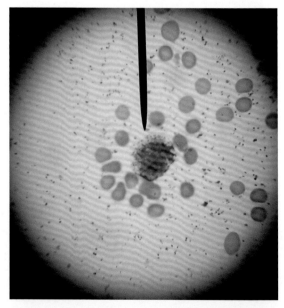

图10.20 细针抽吸样本显微镜检观察到的肥大细胞瘤图像，Diff-quick染色（图片由Bel-Rea动物技术研究所惠赠）

胞（朗格汉斯细胞）引起的良性肿瘤。这些肿瘤通常见于犬，最常见于波士顿㹴。虽然任何年龄都可患病，但大多数患病的犬都小于3岁。

临床症状

- 组织细胞瘤通常表现为一个单独隆起的有溃疡的结节。它们生长得很快，通常无痛（图10.21）。
- 有溃疡的病变部位可能形成继发性细菌感染。

诊断

- 这种肿瘤并不容易诊断，因为细胞学检查可能与其他很多肿瘤难以区分。
- 细胞学检查或组织活检可用于确诊。

治疗

- 大多数组织细胞瘤会在没有治疗的情况下自行恢复，几乎不会复发。

> 技术要点 10.15：组织细胞瘤通常是良性的，常常在没有治疗的情况下恢复。

- 如果没有恢复或给犬造成麻烦，可以通过手术或冷冻疗法进行切除。
- 如果有继发感染，可以使用抗生素。

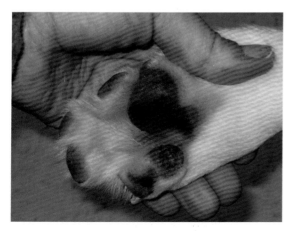

图10.21 皮肤组织细胞瘤（图片由显微镜学习中心的A.K.Traylor，DVM惠赠）

黑色素瘤

概述

黑色素瘤是由皮肤黑色素细胞引起的肿瘤，根据恶性程度分为两类。黑色素细胞瘤是一种良性肿物，通常见于头部和前肢。恶性黑色素瘤见于唇部、甲床，虽然不常见，也可见于腹部和阴囊有毛的皮肤。

两种都更常见于年纪大的雄性犬，极少出现在猫。

> 技术要点 10.16：皮肤黑色素瘤被分为两类。黑色素细胞瘤是良性的肿瘤，常常能够通过手术切除治愈。恶性黑色素瘤是有高度侵袭性的肿瘤，预后较差。

临床症状

- 黑色素细胞瘤是隆起的溃疡性结节，通常是有黑色素的，没有黑色素的肿瘤也可能发生。
- 如果侵袭甲床，指头会发炎，患病动物可能会在有潜在的骨损伤的情况下失去指甲。

诊断

- 临床症状、体格检查和病史有助于疾病诊断。
- 通过细针抽吸或活组织检查可以更为确切地诊断黑色素瘤。
- X线片可以用于确定骨损伤和转移的情况。

治疗

- 两种类型的黑色素瘤都建议进行手术切除。黑色素细胞瘤被认为可以通过手术治愈。因为恶性黑色素瘤的侵袭特性，需要进行广泛性切除，甚至可能需要截肢。
- 对于恶性黑色素瘤，放射治疗和化疗通常是无效的。

- 一种新的疫苗疗法已经显示出潜在的治疗价值。

客户教育和技术人员建议

- 恶性黑色素瘤的预后比较差，在治疗后，患病动物很少能够存活超过一年。

皮肤鳞状细胞癌

概述

鳞状细胞癌（SCC，squamous cell carcinomas）是最常见的皮肤癌之一。它们是一种侵袭性的鳞状上皮细胞肿瘤，见于犬、猫长时间暴露在阳光下，特别是在浅色脸的猫或白皮短毛犬品种中。它们也有可能与防蚤项圈和香烟的烟雾有关。

临床症状

- 鳞状细胞癌是一种坚实的、隆起的、溃疡性斑块或结节，常见于老年动物。
- 临床症状包括不愈合的溃疡、结痂、白色的皮肤肿物、皮肤增厚、角化过度和红斑（图10.22）。
- 猫的病变最常出现在唇部、鼻孔外、眼睛和耳郭。
- 犬的病变通常出现在身体的腹侧、脚趾、四肢、肛门、唇部、鼻子和阴囊。如果出现在四肢或脚趾，则可能会出现跛行。

诊断

- 临床症状、体格检查和病史有助于疾病诊断。
- 通过活组织检查可以确诊。
- 需要通过X线检查确定肿瘤是否已转移。

治疗

- 由于肿瘤的侵袭特性，需要进行广泛的手术切除或截肢。
- 手术可以与放疗或化疗相结合。

图10.22　猫SCC表现出的鼻和鼻腔的溃疡、结痂病变（"Mr. Meow"图片由Tammy Schneider惠赠）

客户教育和技术人员建议

- 限制接触阳光会有助于SCC的预防，特别是对于浅色皮肤短毛的动物。防晒霜可能会有效，但在阳光比较强烈的时候，最好还是把动物放在室内。

> 技术要点 10.17：SCC是一种与阳光损伤有强烈联系的肿瘤。预防是关键，包括保护动物免受阳光暴晒，尤其是在阳光最强烈的时候。

脂肪瘤

概述

脂肪瘤是起源于脂肪细胞的良性肿瘤，它们最常出现在肥胖雌性动物的四肢、躯干和腹腔的腹侧，也可见于年纪大的去势犬和暹罗猫。

临床症状

- 脂肪瘤是皮肤下面柔软的、能自由移动的结节样肿块。脂肪瘤并不容易看到，通常在触诊的时候才能发现。
- 很多动物可能全身长出多个肿块。

诊断

- 临床症状、体格检查和触诊有助于疾病诊断。
- 通过细针抽吸或活组织检查显示脂肪细胞或脂肪物质。酒精染色固定剂会溶解载玻片上的物质，而肿块通常漂浮在福尔马林中。

治疗

- 肿块可以通过手术切除，除非肿块妨碍了动物的运动或使动物感到不适，否则没有必要进行切除。

技术要点 10.18：脂肪瘤是良性的肿瘤，可能并不需要进行治疗。

参考阅读

[1] Becker, Dr. Karen. "Mast Cell Tumors in Dogs andCats." Huffington Post. January 25, 2013. AccessedJune 3, 2013. http://www.huffingtonpost.com/drkaren-becker/mast-celltumors_b_2473977.html.

[2] "Botflies（Maggots）in Dogs." Pet Health &Nutrition Information & Questions. Accessed June3, 2013. http://www.petmd.com/dog/conditions/infectious-parasitic/c_multi_cuterebrosis.

[3] Brooks, Wendy C., DVM, DABVP. "01 Food AllergyMyths - VeterinaryPartner.com - a VIN Company!"Accessed May 1, 2001. http://www.veterinarypartner.com/Content.plx?A=468.

[4] "Canine Food Allergies." College of Veterinary Medicine at Michigan State University. Accessed June 3, 2013. http://cvm.msu.edu/hospital/services/nutrition-support-service-1/clienteducation/caninefood-allergies.

[5] "Common Tick Species That Affect Dogs and Cats."Dog Ticks. Accessed June 3, 2013. http://www.petmd.com/dog/parasites/evr_multi_common_ticks_dogs_cats.

[6] "Fatty Skin Tumors in Cats." Pet Health &Nutrition Information & Questions. AccessedJune 3, 2013. http://www.petmd.com/cat/conditions/skin/c_ct_lipoma.

[7] "Feline Acne—How to Diagnose, Treat and Prevent."Accessed June 3, 2013.http://www.nationalpetpharmacy.com/landing/FelineAcne.aspx.

[8] "Feline Cyst." Accessed June 3, 2013. http://www.cathealth-guide.org/feline-cyst.html.

[9] Foil, Carol S., DVM, MS, DACVD. "01 Canine AtopicDermatitis—VeterinaryPartner.com—a VINCompany!"Accessed June 3, 2013. http://www.veterinarypartner.com/Content.plx?A=1535.

[10] "Healthy Cats." Cat Ear Mites Symptoms, Treatments,Causes. Accessed June 3, 2013.http://pets.webmd.com/cats/ear-mites-cats.

[11] "Healthy Cats." Feline Acne Symptoms and Treatment.Accessed June 3, 2013.http://pets.webmd.com/cats/feline-acne-symptoms-treatment.

[12] "Healthy Dogs." Dog Hot Spots Treatments, Symptoms, Causes. Accessed June 3, 2013. http://pets.webmd.com/dogs/guide/hot-spots-on-dogsacute-moist-dermatitis.

[13] "Healthy Dogs." Dog Seborrhea: Breeds, Symptoms, andTreatments. Accessed June 3, 2013. http://pets.webmd.com/dogs/dog-seborrhea.

[14] "Healthy Dogs." Dogs with Atopic Dermatitis: Causes,Diagnosis, and Treatment. Accessed June 3, 2013.http://pets.webmd.com/dogs/dogs-atopicdermatitis-causes-diagnosis-treatment.

[15] "Histiocytosis." Accessed June 3, 2013. http://www.histiocytosis.ucdavis.edu/histiocytoma.html.

[16] "Integumentary System: Merck Veterinary Manual."Integumentary System: Merck Veterinary Manual.Accessed June 3, 2013. http://www.merckmanuals.com/vet/integumentary_system.html.

[17] Lundgren, Becky, DVM. "01 Lice in Dogs andCats—VeterinaryPartner.com—a VIN Company!"December 10, 2012. Accessed June 3, 2013.http://www.veterinarypartner.com/Content.plx?A=2794.

[18] Lundgren, Becky, DVM. "01 Lipomas（Fatty Lumps）—VeterinaryPartner.com—a VINCompany!" AccessedJune 3, 2013. http://www.

veterinarypartner.com/Content.plx?A=2551.

[19] "Myiasis（Maggots）in Dogs." Accessed June 3, 2013.http://www.petplace.com/dogs/myiasis-maggotsin-dogs/page1.aspx.

[20] "Ringworm in Cats and Dogs: Dermatophytosis." Accessed June 3, 2013. http://www.medi-vet.com/Ringworm.aspx.

[21] "Sebaceous Cysts in Cats or Dogs." Pet Health Network. October 24, 2011. Accessed June 3, 2013. http://www.pethealthnetwork.com/pet-health/sebaceous-cysts-cats-or-dogs.

[22] "Sebaceous Cysts in Dogs." VetInfo. Accessed June 3,2013. http://www.vetinfo.com/sebaceous-cystsdogs.html.

[23] "Skin Cancer（Squamous Cell Carcinoma）in Cats."Pet Health & Nutrition Information &Questions.Accessed June 3, 2013.http://www.petmd.com/cat/conditions/cancer/c_ct_squamous_cell_carcinoma_skin.

[24] "Skin Cancer（Squamous Cell Carcinoma）in Dogs."Pet Health & Nutrition Information &Questions.Accessed June 3, 2013. http://www.petmd.com/dog/c o n d i t i o n s / c a n c e r / c _ d g _ s q u a m o u s _cell_carcinoma_skin.

[25] "S k i n—C u t a n e o u s Histiocytoma: VCA AnimalHospitals." Accessed June 3, 2013. http://www.vcahospitals.com/main/pet-health-information/article/animal-health/skin-cutaneous-histiocytoma/592.

[26] "Skin Disease（Canine Seborrhea）in Dogs." Pet Health& Nutrition Information & Questions. AccessedJune 3, 2013. http://www.petmd.com/dog/conditions/skin/c_dg_canine_seborrhea.

[27] "Skin Tumor（Histiocytoma）in Dogs." Pet Health &Nutrition Information & Questions. Accessed June3, 2013. http://www.petmd.com/dog/conditions/skin/c_dg_histiocytoma?page=2.

[28] "Squamous Cell Carcinoma." Dermatology for Animals. Accessed June 3, 2013. http://www.dermatologyforanimals.com/faq-48/.

[29] "T i c k P a r a l y s i s in Dogs." Pet Health & NutritionInformation & Questions. Accessed June 3, 2013.http://www.petmd.com/dog/conditions/infectiousparasitic/c_dg_tick_paralysis.

[30] "Tick Removal." Centers for Disease Controland Prevention. July 26, 2012. Accessed June 3,2013. http://www.cdc.gov/ticks/removing_a_tick.html.

[31] Vitale, Carlo, DVM, DACVD. "Canine Superficial Pyoderma: The Good, the Bad and the Ugly—DVM." Accessed June 3, 2013http://veterinarynews.dvm360.com/dvm/article/articleDetail.jsp?id =94402.

第11章 肌肉骨骼系统疾病

11

肌肉骨骼系统利用骨骼、关节、软骨、肌腱、韧带和肌肉塑造动物的身体结构。肌肉骨骼系统与神经系统协同作用，让机体能够自主活动。骨骼还有保护重要的内脏器官的功能。肌肉骨骼系统疾病常发病于骨骼、关节或肌肉组织，通常伴有疼痛和活动受限。

骨折

概述

骨折通常由创伤引起，骨折是主要问题，同时也可能会引起与血液、神经、关节或肌肉有关的并发症。破碎的骨头可能会损伤器官和局部组织，引起休克和感染。病理性原因、营养缺乏、骨骼肿瘤、激素失调或者感染也可能会引起骨折。根据骨折是否包含在皮肤内、骨折的完整性以及骨折线的模式，可以对其进行分类。

骨折类型可以是开放性的或闭合性的：

- 开放性骨折（也称复合型骨折）的断骨穿透皮肤，从体表可见。
- 闭合性骨折（也称单纯性骨折）包含在皮肤内。

骨折类型可以是完全骨折或不完全骨折：

- 完全骨折的骨折线完整，从骨的一侧贯穿至骨的另一侧（图11.1）。
- 不完全骨折病例骨未完全断开。

根据骨折线区分的骨折类型：

- 横骨折是完全骨折，骨折线与骨轴线呈直角。
- 斜骨折是完全骨折，骨折线与骨轴线呈一定角度。
- 螺旋性骨折是完全骨折，骨折线以一定角度缠绕骨轴线上。
- 粉碎性骨折是完全骨折，存在多处骨折碎片。
- 线性骨折（也称裂缝骨折）是不完全骨折，骨折线平行于骨轴线。
- 青枝骨折是不完全骨折，骨头并未分离，但发生弯曲。
- 压缩骨折是指椎骨塌陷。
- 髁突骨折是骨骼突起骨折，常发生于肱骨、股骨或胫骨。
- 撕脱性骨折通常由于肌肉收缩导致骨块脱落（图11.2）。

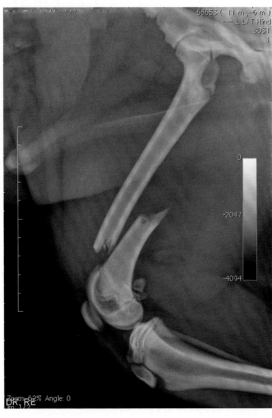

图 11.1　股骨完全骨折（图片由Robert Roy博士/棕榈滩兽医专家惠赠）

临床症状

- 骨折通常非常疼痛，动物表现出惨叫或其他叫声，具有攻击性且无法感到舒适。
- 其他临床症状包括跛行、可能无法负重、炎症或肢体形状改变。
- 开放性骨折可见露出皮肤外的断骨。

诊断

- 表现出的临床症状和病史，尤其是有创伤病史的情况，可以帮助诊断。
- 触诊时可能会有骨擦音。
- X线检查可用于骨折的显示和分类。

治疗

- 很多骨折可以通过夹板或石膏固定和静养的方式治疗。
- 一些骨折需要手术修复，需要用到骨针、接骨板、钢丝和螺钉。也可能用到外固定进行修复。骨移植可以用于帮助骨的修复（图11.3）。

骨折类型

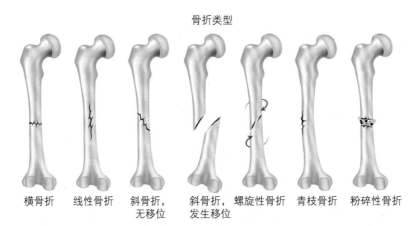

横骨折　　线性骨折　　斜骨折，　　斜骨折，　　螺旋性骨折　　青枝骨折　　粉碎性骨折
　　　　　　　　　　　无移位　　发生移位

图11.2　常见骨折类型（图片由Alila 医学图片提供）

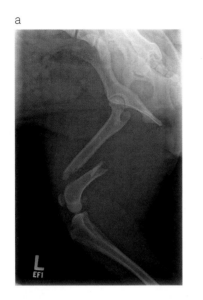
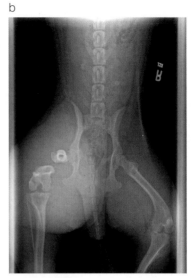
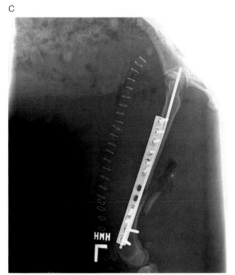

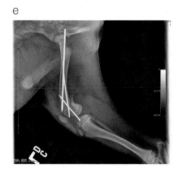

图11.3　a、b. 手术修复前的股骨完全骨折。c、d. 用骨板、螺钉和骨针手术修复后的股骨骨折（图片由Jessie Gibbons惠赠）。e. 用骨针修复的股骨骨折（图片由Robert Roy博士/棕榈滩兽医专家惠赠）

兽医技术人员职责 11.1

要用到石膏、夹板、绷带或外固定装置的骨科疾病需要额外的护理和维护。兽医技术人员的任务是培训主人如何照顾他们的动物和它们正在愈合的受伤部位。技术人员还要负责这些器材的应用，监测它们的状况和更换这些器材。

- 可以用抗生素来预防感染，尤其是开放性骨折或手术修复的病例。
- 为了让动物感到舒适，需要给一些镇痛药。
- 对于一些病例，有必要给予物理治疗和康复训练，帮助动物恢复适当功能和肌肉力量。

兽医技术人员职责 11.2

在某些情况下，骨科病例需要额外的帮助，包括辅助行走、物理治疗和康复训练。有许多专门从事物理治疗和康复训练的诊所会聘请兽医技术人员与兽医和物理治疗师一起工作，帮助患病动物康复。

客户教育和技术人员建议

- 骨折通常伴随着创伤，这意味着不仅仅有骨折，可能还有更多其他的损伤。许多动物在创伤后可能会经历休克、内脏器官损伤或内出血。因此，通常需要关注的不仅仅是骨折。
- 石膏和夹板需要特别护理，要求动物主人保持它们的清洁和干燥。也需要对动物进行监控，以确保它们不会试图咀嚼或破坏石膏或夹板。
- 术后伤口护理也是避免感染或进一步组织损伤的关键。
- 在动物的骨骼愈合过程中，要对动物的活动进行限制。
- 骨骼需要时间来愈合，在这过程中也需要后续的检查和必要的X线检查。

> 技术要点 11.1：无论如何矫正，骨折都需要时间来愈合。这些动物需要休息，良好的营养，创口、石膏或外固定的维护，以及频繁的复诊。

骨肉瘤

概述

骨肉瘤（OSA，osteosarcoma）是小动物最常见的原发性骨肿瘤，犬和猫都可发生，病因不明。大型犬似乎更有患病倾向，尽管任何年龄都可能会发生骨肿瘤，但老年动物更常见。肿瘤从骨骼的中心开始向外生长，随着体积的扩大，疼痛加剧。最常见的发病部位包括桡骨远端、肱骨近端、股骨远端或胫骨近端。骨肉瘤是具有局部侵袭性和高度转移性的肿瘤，但不会跨越关节间隙。

> 技术要点 11.2：骨肉瘤是小动物最常见的原发性骨肿瘤，对长期生存时间的预测需谨慎。

临床症状

- 临床症状包括跛行、炎症和非创伤性骨折。

诊断

- 可根据临床表现和病史作出初步诊断。
- X线片显示骨溶解和增生（图11.4）。
- 根据骨组织活检结果做最终确诊。
- 通过胸部X线片检查来确认是否发生转移。

治疗

- OSA最常见的治疗方案是截肢、化疗和/或放疗的联合治疗。
- 新的骨保留技术正在尝试外科手术广泛地切除肿块，进行骨移植，然后将骨重新接回。到目前为止，这过程中仍涉及很多并发症。
- 为了使动物感到舒适，治疗过程中需要给予镇痛药。
- 可以考虑给动物进行安乐死，尤其是出现肿瘤转移的时候。

客户教育和技术人员建议

- 预后需谨慎，即使接受了治疗，平均存活时间也从几个月到两年不等。
- 动物可以很好地适应截肢和三条腿行动。

a

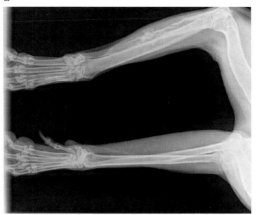

b

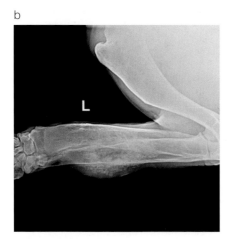

c

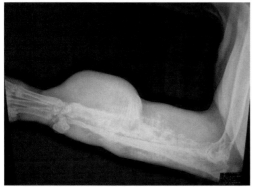

图 11.4 a、b. 犬桡骨骨肉瘤（图片由Deanna Roberts惠赠）。c. 犬桡骨/尺骨骨肉瘤（图片由Deborah Shaffer惠赠）

全骨炎

概述

全骨炎（Pano，panosteitis）是一种急性、自限性疾病，与快速生长的动物长骨的疼痛和炎症有关。虽然可见于任何犬种，但最常见于大型犬和巨型犬，猫较少见。尽管怀疑可能存在遗传、应激、感染或自身免疫因素影响，但全骨炎的病因尚不清楚。

> 技术要点 11.3：全骨炎常被描述为年轻动物（特别是大型犬）的"发育期痛"。动物长大后会自愈，治疗的目的是让它们更舒适地度过这一时期。

临床症状

- 最常见的临床症状是幼犬或幼猫因骨痛而引起的急性跛行。跛行程度由轻微至严重，可转移和/或间歇性发生。
- 有些动物会出现肌肉萎缩。
- 其他临床症状包括发热、厌食和嗜睡。

诊断

- 通常根据临床症状、病史和体征进行初步诊断。
- X线片可显示骨髓腔内呈云雾状（图11.5）。
- 可能还需排除其他可能导致跛行的病因。

治疗

- 随着动物的生长，病情会逐渐好转，当前治疗的目的主要是让动物感到舒适。这种保守治疗包括镇痛药、类固醇或其他消炎药，以及限制动物活动。

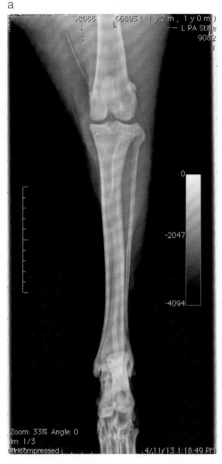 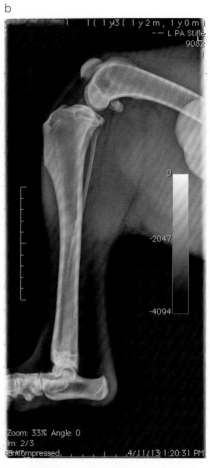

图11.5　a、b. 犬全骨炎X线片（图片由Robert Roy博士/棕榈滩兽医专家惠赠）

客户教育和技术人员建议

- 对于成长中的幼犬，应避免过量的营养或饮食补充。过度的发育常常会导致机体出现紊乱。

骨关节炎或退行性关节疾病

概述

退行性关节疾病（DJD，degenerative joint disease）是一种长期的进行性的关节软骨退化疾病，会造成关节周围组织的损伤。这种疾病常见于犬，但猫也会发生。

> 技术要点 11.4：骨关节炎是动物的一种常见疾病，通常与年龄有关，然而在很多情况下，年龄只是次要因素。

临床症状

- 临床症状包括跛行、肌肉萎缩、关节炎症、骨擦音、活动减少和步态改变。
- 这些临床症状会随着运动、天气变化或缺乏活动而变得更加明显。

诊断

- 可以根据患病动物的临床症状和病史进行初步诊断。
- 影像学显示的关节改变包括关节间隙狭窄、骨硬化、骨质增生、关节软骨下囊肿形成和不伴随炎性改变的关节积液。
- 关节穿刺可能会导致滑膜炎，关节液通常在清晰度、细胞计数和颜色方面发生非常轻微的变化。

兽医技术人员职责 11.3

某些关节病的诊断需要借助于关节液评估。在许多情况下，这些检测可以由兽医技术人员在医院内进行。

治疗

- 主要是保守治疗，包括减肥和体重管理，限制运动（爬楼梯、跑步、跳跃），使用消炎药和镇痛药，以及对患病关节进行热敷。许多食品公司现在为患有关节问题的动物提供专业日粮，里面含有帮助预防关节面进一步退化的营养补充剂。
- 物理治疗可以帮助增加关节活动性、肌肉弹性和质量。
- 手术治疗方法包括关节融合术（图11.6）、关节置换或关节切除。

客户教育和技术人员建议

- 许多动物需要长期服用非甾体抗炎药（NSAID）进行治疗。由于NSAID可能会引起肝病和胃溃疡，因此需要对这些动物的肝脏和胃肠道进行持续监测。

a

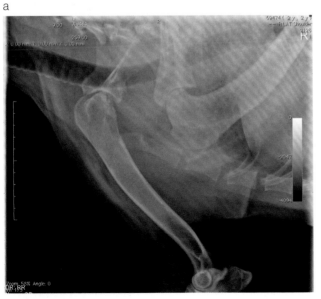

b

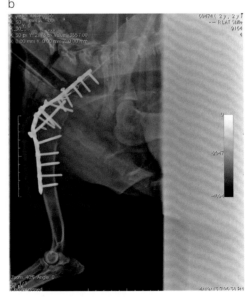

图11.6　a. 肩关节术前X线片显示严重的关节炎和关节间隙狭窄。b. 肩关节融合术后X线片（图片由Robert Roy博士/棕榈滩兽医专家惠赠）

- 根据年龄、疾病严重程度、关节受影响程度和选择的治疗方案进行预后未必准确。

髋关节发育不良

概述

髋关节发育不良是犬最常见的骨骼疾病之一，其发生主要因为髋关节的异常发育。髋关节发育不良与关节松弛有关，可导致退行性关节疾病。虽然任何品种都可能发生，但最常见于大型犬和巨型犬。髋关节发育不良的病因包括日粮营养过剩导致的生长过快和遗传。

> 技术要点 11.5：髋关节发育不良是犬最常见的骨骼疾病，其发生是由于发育异常和遗传因素。由于具有遗传性，患有髋关节发育不良的动物不建议用于繁殖。

临床症状

- 临床症状严重程度不同，剧烈运动后症状会加重。
- 临床症状包括跛行，步态改变［通常被称为兔子跳（后腿一起移动）］，活动范围缩小，疼痛，活动减少，以及关节运动时有骨擦音。
- 患有髋关节发育不良的动物将会存在起身、奔跑、跳跃和爬楼梯困难。
- 常发生后肢肌肉萎缩，导致前肢肌肉代偿性肥厚。

诊断

- 表现出来的临床症状、病史以及体格检查将有助于初步诊断。
- 通过显示异常的关节和关节炎病变，X线片检查可确诊（图11.7）。应根据动物骨科基金会（OFA，the Orthopedic Foundation for Animals）、宾夕法尼亚大学髋关节改善计划（PennHIP，the University of Pennsylvania Hip Improvement Program）和康奈尔髋关节背外侧半脱位（DLS，dorsolateral subluxation）试验制定的方案进行X线片检查。

治疗

- 治疗方案包括减肥和体重管理，物理治疗，给予抗炎药和镇痛药。与其他慢性疾病治疗一样，使用非甾体类抗炎药或糖皮质激素治疗存在不良反应，治疗期间需要密切监测。
- 尽管适度运动有益，但建议进行限量的运动。不

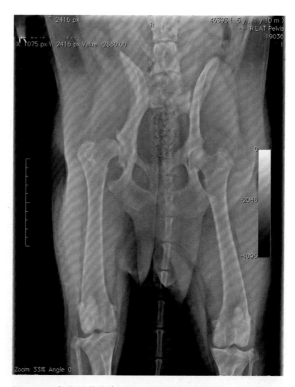

图11.7 犬髋关节发育不良。X线片显示退行性关节病变以及股骨头和髋臼位置异常（图片由Robert Roy博士/棕榈滩兽医专家惠赠）

打滑的路面有利于动物运动，让动物感觉舒适。

- 有几种手术方案可供选择，包括关节改造、关节置换、肌肉改造或股骨头摘除。

- 骨盆三联截骨术（TPO，triple pelvic osteotomy）常用于幼犬，对髋臼的形状进行改造，使股骨头能够更好地包含在髋臼内。

- 全髋关节置换术（THR，total hip replacement）常用于对其他DJD治疗无效的老年犬。在这个手术过程中，髋臼和股骨头将被替换为人工关节（图11.8）。

- 股骨头截骨术（FHO，femoral head osteotomy）是将股骨头移除。该手术消除了骨与骨的接触和相关的疼痛。后期假关节由肌肉组织支撑。

- 使用耻骨肌腱切除术切断耻骨肌，减轻髋关节发育不良动物的疼痛。

> 技术要点 11.6：对于宠物髋关节发育不良的治疗方案，动物主人可以有多种选择。

客户教育和技术人员建议

- 虽然髋关节发育不良并不完全可以预防，但通过维持适当体重和限制营养来控制动物不过快生长的方法，可以减轻易患品种的临床症状。

- 髋关节发育不良具有遗传性，患病动物不建议用于繁殖。

- 目前有多个组织/项目致力于犬髋关节和髋关节发育不良的分级和放射学检查技术。这些组织根据犬的年龄、品种和髋关节结构形态制定标准，建立标准的放射学检查规范。

剥脱性骨软骨炎

概述

剥脱性骨软骨炎（OCD，osteochondritis dissecans）是由于骨端软骨发生异常软骨内骨化（软骨前体骨发育异常），进而导致关节内软骨过多的一种情况。关节软骨形成软骨片，随后脱落进入关节腔。关节碎片导致滑膜炎和骨关节炎，使疾病进一步复杂化，加剧关节疼痛。OCD多见于生长过快的大型犬和巨型犬，常发生在肩部、肘部、膝关节和跗关节等部位。病因包括遗传、营养过剩和生长过快，以及关节损伤。

> 技术要点 11.7：OCD是一种可能导致关节长期损伤的疾病。

临床症状

- 通常在犬4-8月龄时表现出临床症状，患肢会出现跛行、关节痛、炎症、关节积液和肌肉萎缩。犬的患肢可能无法负重。

- 剧烈运动后临床症状会加重。

诊断

- 根据临床症状和病史可以作出初步诊断。

- X线片显示关节和骨骼的病变（图11.9），以及"关节鼠"（关节内脱落的软骨碎片）。

- 关节液评估可提示滑膜炎，有助于排除感染。

- 关节造影和关节镜检查可以更好地显示关节和软骨。

治疗

- 可以通过关节镜或关节切开术移除关节碎片和切除软骨瓣。刮匙刮骨边缘不仅能够清除异常软骨，而且能够促进纤维软骨的发育。

- 在发生骨关节炎的情况下，需要使用消炎药和镇痛药。

- 通过限制运动配合药物治疗，一些轻微的病例可

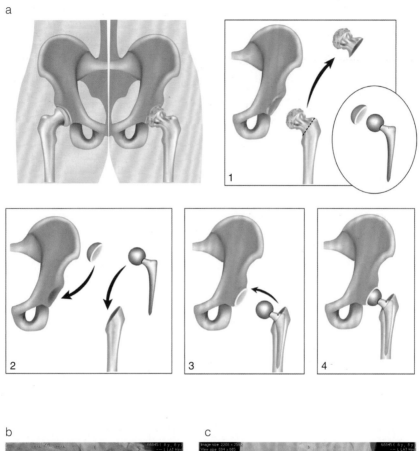

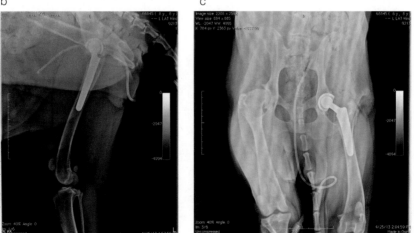

图11.8　a. 全髋关节置换（示意图由Alila Sao Mai惠赠）。b、c. THR术后X线片（图片由Robert Roy博士/棕榈滩兽医专家惠赠）

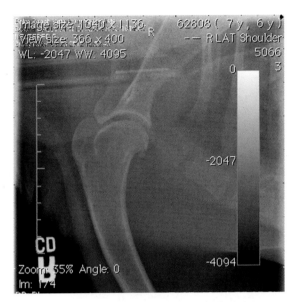

图11.9 肩关节X线片显示骨和关节病变（图片由Robert Roy博士/棕榈滩兽医专家惠赠）

以治愈。

客户教育和技术人员建议

- 控制体重和限制运动是恢复过程中必不可少的环节。
- 预后取决于患病的关节以及关节损伤的程度，肩关节和膝关节比肘关节或跗关节更容易恢复。
- 该病可能与基因有关，因此患病动物不建议用于繁殖。

髌骨脱位

概述

髌骨脱位是指髌骨从其原始位置——股骨（滑车）沟内向外脱出。髌骨可以向内侧和外侧脱出，可发生于单侧膝关节，也可能双侧都发生。这种疾病通常与其他关节或骨骼疾病或肢体畸形有

关。持续发病可能会引起骨关节炎和关节长期损伤。髌骨脱位可见于犬和猫，是犬最常见的一种膝关节疾病。尽管任何品种都可能发生，但玩具犬和小型品种犬更容易发生髌骨脱位。遗传似乎是最常见的病因，创伤可能也是病因之一。

临床症状

- 具有遗传性髌骨脱位的动物在出生后的最初几个月内就会出现临床症状，然而有些动物直到生命后期才会出现临床症状。
- 动物会表现出"跳跃跛行"，患肢会向后伸，动物可能会抖动患肢。动物的患肢可能无法负重，尤其是当髌骨脱出滑车的时候。
- 可以注意到动物不正常的步态或患腿异常的姿态，该动物会呈现出弓形腿（内侧脱位）或八字腿（外侧脱位）。
- 髌骨第一次脱位的时候，会伴随疼痛，一旦髌骨脱位形成，则很少出现疼痛。

> **技术要点 11.8**：对于髌骨脱位的犬，动物主人会注意到犬无法负重，可能会抖动患肢；但是这种情况很少伴随疼痛，尤其是当髌骨已经脱离滑车时。

诊断

- 进行全面的骨科检查，并结合临床症状和病史进行诊断。触诊时，会感觉到膝关节不稳定。
- X线片将确定疾病的严重程度和后肢变化的程度。髌骨脱位可根据严重程度进行分级（图11.10）。

治疗

- 手术治疗可以选择骨科矫形或软组织重建。可以

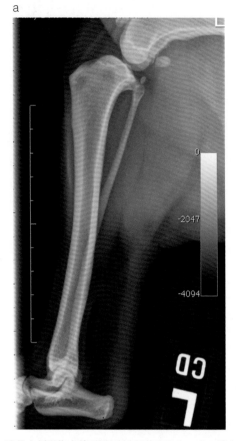
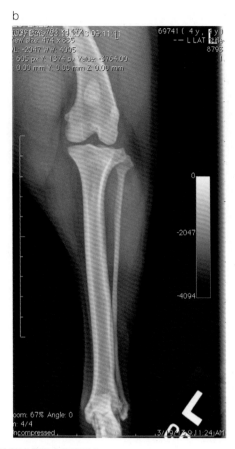

图11.10 髌骨内侧脱位术前X线检查（图片由Robert Roy博士/棕榈滩兽医专家惠赠）

通过手术将髌骨固定，也可以将滑车沟加深，使髌骨不易脱出。软组织手术是对髌骨周围软组织进行重建。髌骨脱出一侧韧带变松，对侧韧带变紧。其他的手术选择包括胫骨嵴移位或异常股骨矫正。严重的病例可能需要关节固定、胫骨截骨或截肢（图11.11）。

客户教育和技术人员建议

- 由于具有遗传倾向，髌骨脱位的动物不建议用于繁殖。
- 术后可能复发，但是通常不会比术前严重。
- 恢复过程需要限制运动。

前十字韧带断裂或前十字韧带疾病

概述

前十字韧带（CCL /ACL，cranial or anterior cruciate ligament）主要起到稳定膝关节的作用，ACL损伤形式包括韧带的撕裂或断裂，是导致后肢跛行的最常见原因之一。虽然有些撕裂可能发生在韧带的起始位置，但是通常发生在韧带的中间位置，可以是部分撕裂，也可能完全撕裂。ACL损伤最常见的原因是外伤，但也可能是继发于自身免疫性疾病、退化或结构畸形导致的韧带变弱。韧带损伤可导致继发性骨关节炎、半月板损伤和关节积液。

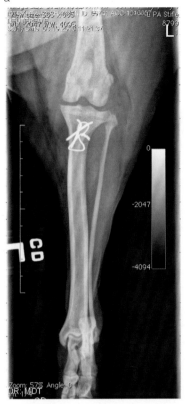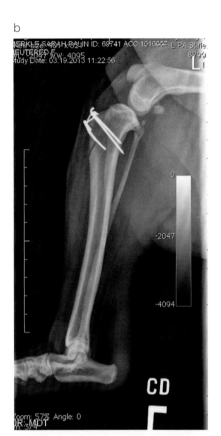

图11.11　髌骨内侧脱位胫骨嵴移位（胫骨截骨术）术后X线片（图片由Robert Roy博士/棕榈滩兽医专家惠赠）

技术要点 11.9：前十字韧带损伤是导致犬后肢跛行的最常见原因，任何时候当犬出现未知原因的后肢损伤时，都应对该病因进行鉴别诊断。

临床症状

- 临床症状包括跛行、无法负重、疼痛、关节积液、运动时有骨擦音、步态异常、活动减少、肌肉萎缩、活动范围缩小。
- 动物可能会存在起身、奔跑、跳跃或爬楼梯困难。
- 膝关节"抽屉运动"（胫骨头相对于股骨过度松弛）通常与ACL损伤有关。同时胫骨旋转角度增加。
- 动物主人可能会注意到ACL损伤的动物坐姿异常，它们倾向于把腿伸向体侧而不是放在身体下面。

诊断

- 进行全面的骨科检查，并结合临床症状和病史进行诊断，尤其是表现出抽屉运动的时候。
- 关节穿刺显示关节有炎症和出血。
- X线检查显示骨关节炎和关节病变，但不显示韧带或软组织（图11.12）。

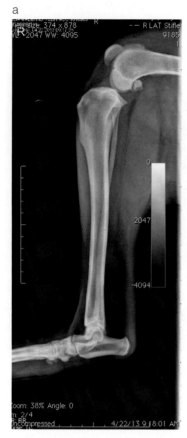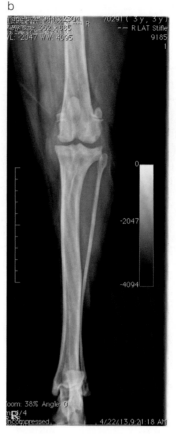

图11.12　前十字韧带损伤术前X线检查（图片由Robert Roy博士/棕榈滩兽医专家提供）

> 技术要点 11.10：X线片不能鉴别韧带损伤，但可以排除导致后肢跛行的其他病因，并有助于关节病变的评估。

- 关节镜和磁共振成像（MRI）可以更好地显示韧带的状态。

治疗

- 治疗包括减肥和体重管理，物理治疗，笼养，给予消炎药、镇痛药和关节营养补充剂。
- ACL损伤的外科修复有几种选择；手术方法根据患病动物情况、并发症和外科医生的偏好而有所不同。手术方法分为截骨术和缝合术。

- 截骨矫形手术包括胫骨平台水平矫形术（TPLO，tibial plateau leveling osteotomy）和胫骨粗隆前移术（TTA，tibial tuberosity advancement）。这些手术需要切开骨头。膝关节的稳定不是通过替换ACL来实现的，而是根据胫骨和股四头肌的方向改变膝关节的工作方式。这些手术常用于大型犬。与缝合手术相比，这些手术的优点是引起渐进性关节损伤更少和术后关节更稳定。
- TPLO手术改变了胫骨的方向，使股四头肌呈90°附着于胫骨（图11.13）。
- TTA手术将胫骨粗隆从胫骨前端切开后向前移

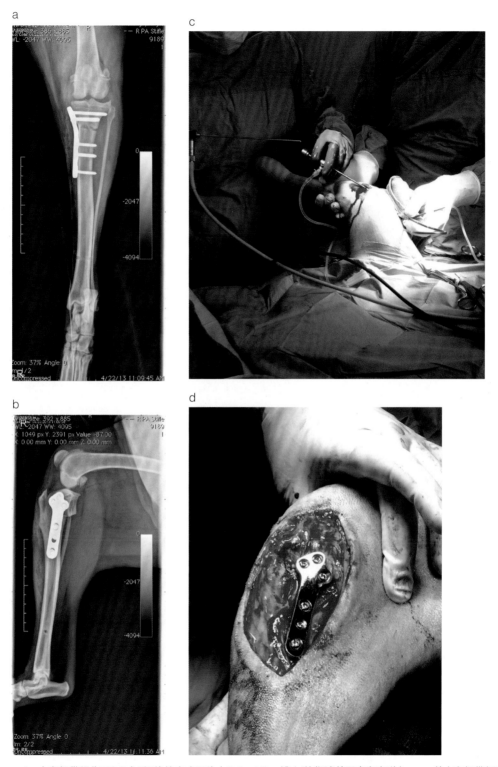

图11.13　a、b. 十字韧带损伤TPLO术后X线检查（图片由Robert Roy博士/棕榈滩兽医专家惠赠）。c. 前十字韧带部分撕裂在关节镜辅助下的TPLO手术。d. 关节镜辅助下TPLO手术显示的骨板和螺钉（图片由Phillip Aughinbaugh、Robert Roy博士/棕榈滩兽医专家惠赠）

动，使股四头肌呈90° 附着。

- 最常见的缝合手术是囊外缝合稳定术和钢丝固定技术。这些手术是通过在关节外使用强力缝合材料（通常用钓鱼线），像ACL一样稳定关节。这些手术的优点是成本更低，创伤更小，不需要截骨，意味着恢复时间更短。缺点包括缝合失败（常见于大型品种和活跃的犬）和长期退行性关节问题。囊外缝合稳定有许多变化形式，所有使用的缝合材料以不同的方式来稳定膝关节。钢丝固定技术是一种较新的技术，包含缝线和拴扣。这需要在骨头上钻洞，但与传统的缝合技术相比，这为大型活跃的犬提供了更强的固定。尽管有骨孔，与截骨矫形相比，也属于微创。

客户教育和技术人员建议

- 不管哪种手术，在术后恢复期间有必要限制运动和笼养。在动物愈合后，轻微的运动对肌肉恢复有益。

椎间盘疾病

概述

椎间盘疾病（IVDD，intervertebral disk disease）以位于椎体之间的椎间盘退变和突出为特征。突出物压迫脊髓，导致患病动物出现中枢神经系统（CNS）症状。IVDD是犬的一种常见脊柱疾病，猫很少见。虽然肥胖和创伤可能会导致该病，但患有软骨营养障碍的品种（腊肠犬、北京犬、西施犬、拉萨犬、巴吉度猎犬、柯基犬、比格犬和可卡犬）或纤维样变性的犬（大型犬）具有遗传倾向。这种疾病可发生于生命早期，但更常见的是老年时期发病。颈椎和胸腰椎是椎间盘疾病常见的发病部位。

临床症状

- 临床症状包括颈部和背部疼痛，表现为尖叫，回头啃咬，颤抖和胸腰椎后凸（弓背），肌肉痉挛，站姿僵硬，头、颈部或背部僵硬以及跛行和昏睡。
- 由于脊髓受压，动物会出现神经功能障碍，包括共济失调、截瘫或麻痹、尿失禁、趾关节弯曲和反射异常。

诊断

- 根据临床症状、病史、体格和神经学检查、品种信息进行疾病诊断。
- X线检查、脊髓造影（图11.14）、磁共振成像（MRI）和CT扫描可显示破损的椎间盘、椎管狭窄和脊髓压迫，有助于疾病的进一步诊断。

治疗

- 必须及时治疗，以避免脊髓的进一步压迫和临床症状恶化。

> 技术要点 11.11：虽然影响IVDD预后的因素很多，但最重要的因素之一是尽可能早地开始治疗，以防止长期的神经损伤。

- 轻度疼痛和神经系统损伤的患病动物可能对皮质类固醇或其他消炎药、镇痛药和几周的笼养治疗管理有反应。仅通过药物治疗，临床症状有可能复发。
- 对于严重的病例、笼养没有效果的病例或复发的病例，可以考虑手术治疗。手术的目的是通过摘除椎间盘或切除椎板来减压脊髓。
- 如果预后不良，有些犬主人可能选择给犬安乐死。

a
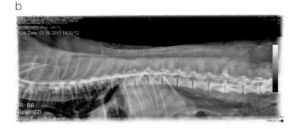

b

c
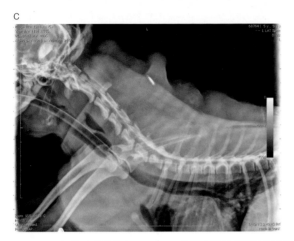

d
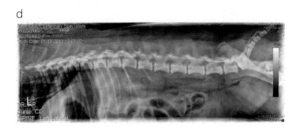

图11.14　用脊髓造影排查IVDD。a.注射造影剂前拍摄的平片。b.造影剂沿脊髓向下流动（在脊髓背侧呈亮白色）。c.造影剂向颅侧流动，表明它可以沿脊髓上下移动而没有阻力（椎间盘压迫）。d.X线片显示造影剂已清除（图片由Robert Roy博士/棕榈滩兽医专家惠赠）

客户教育和技术人员建议

- 预后取决于脊髓压迫的严重程度、神经功能损伤程度以及开始治疗的时间点。

- 体重控制是预防该病的一个重要因素。

重症肌无力

概述

　　重症肌无力是由于神经肌肉接点处乙酰胆碱（Ach，acetylcholine）受体数量减少而引起的以全身肌肉无力和过度疲劳为特征的一种疾病。这种疾病影响神经和肌肉系统，可能是先天性的，也可能是后天获得的。后天发病与自身免疫性疾病有关，抗体破坏受体，被认为是遗传所致。这种情况在犬和猫都可见到。

临床症状

- 临床症状包括全身骨骼肌无力。由于极度疲劳，动物可能会虚脱和运动不耐受。虚弱的肌肉可能出现萎缩。

- 其他症状与食道、咽喉和眼部肌肉有关。常见反流性和吸入性肺炎与继发于重症肌无力的巨食道症有关。动物也会出现叫声改变，睁着眼睛睡觉和唾液分泌增多。

- 患重症肌无力的动物，包括眨眼、呕吐和脊髓反射在内的正常反射也会减少。

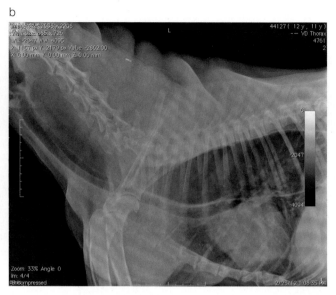

图11.15　继发于重症肌无力的巨食道症（图片由Robert Roy博士/棕榈滩兽医专家惠赠）

诊断

- 体格检查和全面的神经系统检查，临床症状和病史有助于疾病诊断。
- X线或食道镜检查可用于巨食道症的诊断（图11.15）。
- 目前可通过血清中Ach受体抗体滴度的免疫检测进行确诊。
- 还有一种测试叫作依酚氯铵试验（Tensilon test），可用来检测肌肉的反应性。
- 另一种可供选择的是电诊断试验，该试验通过观察肌肉受到刺激后的动作电位进行检测。

治疗

- 主要根据临床症状和继发性疾病进行支持性治疗，包括吸入性肺炎的治疗和巨食道症的营养管理、静脉输液和调节胃肠道运动性的药物治疗等。如果发生巨食道症，需要将食物置于高处，并以少量、多餐、流食的方式饲喂动物。
- 其他治疗方法包括抗胆碱酯酶药和免疫抑制剂。

客户教育和技术人员建议

- 通常认为疫苗可能使这种情况恶化。动物主人需要与兽医沟通，并就疫苗接种方案作出决定。
- 许多犬在患病期间会自行缓解。
- 目前还没有预防方法，由于这种疾病与遗传有关，患犬不建议用于繁殖。

参考阅读

[1] "Baker Institute Animal Health." Canine Hip Dysplasia. Accessed June 3,2013. http://bakerinstitute.vet.cornell.edu/animalhealth/page.php?id=1104.

[2] "Bone Inflammation（Panosteitis）in Dogs." Pet Health & Nutrition Information & Questions. Accessed June 3, 2013. http://www.petmd.com/dog/conditions/ musculoskeletal/c_multi_panosteitis.

[3] Brooks, Wendy C., DVM, DABVP. "Growing Pains

in Dogs—VeterinaryPartner.com—a VIN Company" Accessed June 3, 2013. http://www.veterinarypartner. com/Content.plx?P=A.

[4] "Cancer in Animals." College of Veterinary Medicine. Accessed June 3, 2013. http://www. vetmed.wsu.edu/deptsOncology/owners/OSA.aspx.

[5] "Canine Osteosarcoma." Accessed June 3, 2013. https://www.addl.purdue.edu/newsletters/2005/fall/ co.htm.

[6] "Canine Osteosarcoma." Accessed June 3, 2013. http:// www.marvistavet.com/html/body_canine_ osteosar coma.html.

[7] "Degenerative Joint Disease in Dogs." Osteoarthritis, Arthritis. Accessed June 3, 2013. http://www.petmd. com/dog/conditions/musculoskeleta l/c_multi_arthritis_osteoarthritis.

[8] Duerr, Felix, DVM, MS, DACVD. "ACVS— Cranial Cruciate Ligament Disease." September 17, 2012. Accessed June 3, 2013. http://www.acvs. org/AnimalOwners/HealthConditions/SmallAnimal Topics/CranialCruciateLigamentDisease/.

[9] "Fracture Types（1）: MedlinePlus Medical Encyclopedia Image." U.S National Library of Medicine. Accessed June 3, 2013. http://www.nlm. nih.gov/medlineplus/ency/imagepages/1096.htm.

[10] "Hip Dysplasia in Dogs." Pet Health & Nutrition Information & Questions. Accessed June 3, 2013. http://www.petmd.com/dog/conditions / musculoskeletal/c_dg_hip_dysplasia.

[11] "Inflammation of Bone in Cats." Pet Health & NutritionInformation & Questions. Accessed June 3, 2013.http: / /www.petmd. com/ cat / condi t ions / musculoskeletal/c_ct_panosteitis.

[12] Johnson, Ann, DVM, MS, DACVS. "ACVS— Osteochondrosis of the Shoulder." Accessed June 3, 2013. http://www.acvs.org/animalowners/ healthcond it i o n s / s m a l l a n i m a l t o p i c s / osteochondrosisoftheshoulder/.

[13] "Kneecap Dislocation in Dogs." Pet Health &Nutrition Information & Questions. Accessed June 3, 2013. http://www.petmd.com/dog/conditions/ musculoskeletal/c_multi_patellar_luxation.

[14] Lipowitz, Alan J., and Charles D. Newton. "Degenerative Joint Disease and TraumaticArthritis." CAL Home. Accessed June 3, 2013.http://cal.vet. upenn.edu/projects/saortho/chapter_87/87mast.htm.

[15] "Musculoskeletal System: Merck Veterinary Manual."Accessed June 3, 2013. http://www. merckmanuals.com/vet/musculoskeletal_system. html.

[16] "Myasthenia Gravis UC Davis Neurology/ Neurosurgery." Accessed June 3, 2013. http://www. vetmed.ucdavis.edu/vsr/Neurology/Disorders/ Myasthenia Gravis.html.

[17] "Nerve/Muscle Disorder in Dogs." Pet Health & Nutrition Information & Questions. Accessed June 3, 2013. http://www.petmd.com/dog/conditions/ neurological/c_dg_myasthenia_gravis.

[18] "Neuromuscular Disorders: Congenital and Inherited Anomalies of the Nervous System: Merck Veterinary Manual." Accessed June 3, 2013. http://www. merckmanuals. com/vet/nervous_system/congenital_ and_inherited_anomalies_of_the_nervous_system/ neuromuscular_disorders.html.

[19] "Osteochondritis Dissecans（OCD）in Dogs." Pet Health& Nutrition Information & Questions. AccessedJune 3, 2013. http://www.petmd.com/dog/ conditions/ musculoskeletal/c_dg_osteochondrosis.

[20] "Types of Fractures." December 3, 2008. Accessed June 3, 2013. http://healthlibrary. brighamandwomens.org/RelatedItems/89,P07392.

[21] "Types of Intervertebral Disk Disease in Dogs." Accessed June 3, 2013. http://www.petwave.com/ Dogs/Health/ Intervertebral-Disk-Disease/Types. aspx.

第12章　血液和淋巴系统疾病

12

在转运和保护机体方面，血液和淋巴系统都是非常重要的机体系统。血液和血细胞的功能是运输氧气和重要的营养物质、防止出血和负责免疫。淋巴液通过淋巴管运输，其首要功能是预防疾病和转运营养物质。关于这些系统疾病的临床症状都与这些功能有关。

红细胞异常

贫血

概述

贫血的定义为红细胞数量下降，通过对红细胞数量、红细胞压积和血红蛋白浓度的测量来评估是否贫血。基于常见原因，贫血可以分为三类。再生障碍性贫血是由骨髓红细胞生成不足引起的；溶血性贫血是由红细胞溶解引起的；出血性贫血是由失血引起的。贫血也可以依据骨髓对红细胞缺失的反应来进行分类。当骨髓产生适当数量的红细胞时称为再生性贫血。溶血性和出血性贫血通常为再生性的。

当骨髓对于红细胞的需求无反应时，称为非再生性贫血，发生于促红细胞生成素（EPO，erythropoietin）分泌下降和骨髓抑制的病例中。贫血有很多病因，例如：

- 细菌感染。
- 病毒感染。
- 其他病原感染。
- 毒素。
- 自体免疫。
- 肾衰。
- 出血。
- 溶血。
- 营养不良。
- 肿瘤。
- 肝病。
- 代谢紊乱。

临床症状

- 根据病因、严重程度和病程不同，贫血的临床症状也不同。
- 临床症状包括黏膜苍白、心动过速、脉搏微弱、低血压、心杂音、厌食、嗜睡、缺氧、呼吸困难和呼吸急促。
- 对于溶血性贫血的病例，由于血红蛋白释放胆红素，所以可见黄疸。
- 对于溶血性贫血的病例来说，可以观察到明显失血，但是轻微的内出血可能会被忽视。

诊断

- 已表现出的临床症状、体格检查和病史将为进一步诊断提供帮助。
- 贫血的最终诊断需要包含CBC、PCV和血红蛋白浓度的血液学检查，尽管这些检测并不能指出原发病因（图12.1；表12.1）。
- 用网织红细胞计数（图12.2）和红细胞指标来确定该病例的贫血是否具有再生性。
- 评估血涂片可以帮助确定贫血是否为红细胞寄生虫所引起。
- 如果怀疑骨髓有病变，可以评估骨髓穿刺样本。

治疗

- 因为治疗方案是基于贫血的病因来制定的，所以在决定治疗方案之前确定原发病是非常重要的。有些情况可以治疗；遗憾的是，有些情况很难治疗。
- 输血将补充红细胞并增加携氧能力和血容量、纠正循环性休克。由于动物仍在失血、潜在溶血或

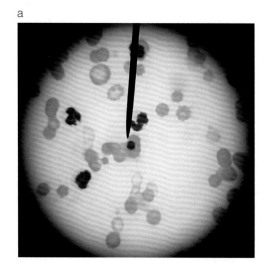
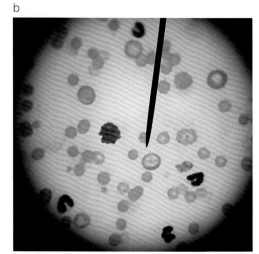
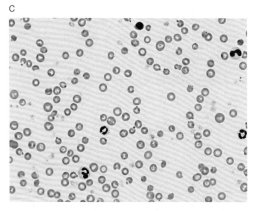

图12.1　a. 贫血动物的血涂片，指针末端可见有核红细胞（NRBC，nucleated red blood cell）（Diff Quik染色）。b. 贫血动物的血涂片，指针末端可见多染性红细胞（Diff Quik染色）（图片由Bel-Rea动物技术研究所惠赠）。c. 贫血动物的血涂片，可见海因茨小体和多染性（Diff Quik染色）（图片由Vetpathologist惠赠）

表12.1　贫血的实验室诊断

血涂片的形态学变化	可能存在多染性、红细胞大小不一、球形红细胞、影细胞、海因茨小体、有核红细胞 可能存在红细胞寄生虫
全血细胞计数的变化	红细胞总数降低 血红蛋白降低 可能存在血小板减少症
PCV/TP	PCV下降
血液生化	可能存在高胆红素血症
凝血	可能出现凝血紊乱
网织红细胞计数和红细胞指数	将确定是否具有再生性

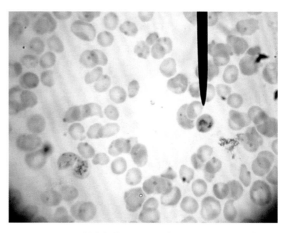

图12.2　一只贫血动物的网织红细胞血涂片，指针末端可见网织红细胞，海因茨小体广泛分布（图片由Bel-Rea动物技术研究所惠赠）

无法自主产生红细胞，所以输血可能只是一个暂时的治疗方案。

> 技术要点 12.1：引起贫血的病因有很多。在确定治疗方案和预后之前，确定病因非常重要。

兽医技术人员职责 12.1

很多血液学疾病需要输血。在输血过程中需要密切监视受血者。兽医技术人员也会参与到的操作有：从供血动物采血、分析供血者与受血者的血液兼容性和合理管理血库中的血液。

- 为了预防低血氧，输氧可能是有必要的，尽管氧气需要红细胞输送至组织（图12.3）。
- 输液和其他支持疗法可以预防休克。
- 为了患病动物长期生存，需要诊断和纠正原发病因。对于红细胞生成素减少的病例来说，可以使用EPO治疗；应适当控制感染，对于自体免疫紊乱的病例来说，需要抑制免疫系统。
- 如果预后较差并且动物很痛苦，有些病例可能需要实施安乐死。

客户教育与技术人员建议

- 预后取决于病因和治疗效果。

免疫介导性溶血性贫血

概述

免疫介导性溶血性贫血（IMHA，immune-mediated hemolytic anemia）是指机体不再将红细胞认为是自体成分，通过产生抗体来对抗红细胞所导致的一类贫血。受这种紊乱所累，血液循环中的红细胞会被脾脏或骨髓中（某些病例）的巨噬细胞溶解。如果骨髓也发生了这种紊乱，那么其导致的贫血为非再生性的；如果骨髓并未受到影响，那么可见再生性贫血。IMHA可能是原发的，也可能是继发的。原发性IMHA为特发性，多见于犬。对于猫来说，更可能是由注射疫苗、药物、肿瘤或感染引起的继发性IMHA。血小板减少症和肺部血栓常伴

图12.3　在氧箱中接受治疗的患猫（示意图来自Aspen Rock）

发于IMHA，并导致更严重的并发症。

临床症状

- 和其他原因导致的贫血一样，IMHA患病动物同样黏膜苍白。
- IMHA患病动物的一般临床症状包括：厌食、嗜睡、发热、呕吐、腹泻和多饮多尿。也可见呼吸急促、心动过速和心杂音。
- 因为溶解的红细胞会释放胆红素（血红蛋白的组成成分），所以可见黄疸。
- IMHA患病动物一般可见脾脏肿大和肝脏肿大。
- 在贫血同时可见血小板减少症，这将导致出现瘀血和其他出血问题。

诊断

- 已表现出的临床症状、体格检查和病史将为诊断贫血提供依据，但是并不能确诊IMHA。
- CBC、PCV和尿液分析结果可以确诊贫血。IMHA患病动物可见显微镜下凝集（图12.4）或眼观载玻片上的凝集试验。血液生化分析提示由

低氧血症、细胞坏死和炎症导致的器官功能紊乱（图12.4；表12.2）。
- IMHA病例可观察到白血病样反应，白细胞的生成被激活，导致白细胞数量陡增。
- 腹部和胸部的X线片能够用来评估内脏器官的异常，包括肝脏肿大、脾脏肿大和血栓栓塞的迹象，还可以用来确定潜在的病因。
- 通过检测红细胞表面的抗体或补体（蛋白）的库姆斯（Coombs）试验，若其结果为阳性，可以最终确诊IMHA。流式细胞术是检测与红细胞所结合的抗体的另一种方法。
- 某些病例通过排除其他贫血原因才能确诊。
- 网织红细胞计数和红细胞指标可表明该病例的贫血是否具有再生性。

治疗

- 治疗的目的是阻止红细胞破坏、治疗缺氧和阻止血栓栓塞。
- 输血将补充丢失的红细胞并帮助向缺氧组织输送氧气，只要免疫系统仍在攻击红细胞，输血就仍

a

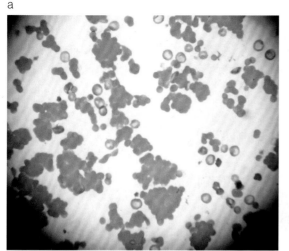

b

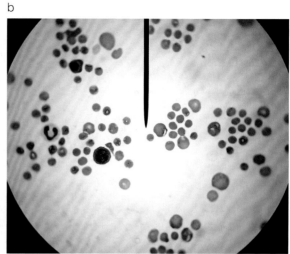

图12.4 a. IMHA病例的血涂片可见红细胞凝集，有核红细胞和多染性红细胞。b. IMHA病例的血涂片可见球形红细胞（指针末端），有核红细胞和多染性红细胞（图片由Bel-Rea动物技术研究所惠赠）

表12.2 IMHA的实验室诊断

血涂片的形态学变化	球形红细胞、红细胞凝集 可能存在海因茨小体、有核红细胞、多染性红细胞、红细胞大小不均和影细胞
全血细胞计数的变化	可见核左转和过度分叶的中性粒细胞增多症 可能出现血小板减少症
PCV/TP	PCV下降
血液生化	高胆红素血症 由于低血氧、炎症或细胞坏死导致的肝功能紊乱
凝血	可能出现凝血紊乱
尿液变化	胆红素尿

然只是一个暂时的治疗方案。

- 为了阻止红细胞被破坏，必须使用免疫抑制剂。常用药物包括皮质类固醇、硫唑嘌呤和环孢霉素。

- 如果出现肺部血栓栓塞，那么需要稀释血液和抗凝治疗。

- 只有当病例急剧恶化时才会考虑脾脏切除术。摘除脾脏将切断巨噬细胞破坏红细胞的源头。

> 技术要点 12.2：如果期望通过输血成功地治疗 IMHA，那么防止红细胞被破坏是很关键的。

绝对红细胞增多症或红细胞增多症

概述

红细胞增多症与贫血相反，为红细胞计数上升的症状。这种症状在犬、猫都有发生，可能为原发的，也可能为继发的。原发性红细胞增多症被称为真性红细胞增多症，由未知原因的骨髓红细胞增生引起。当动物出现真性红细胞增多症时，虽然 EPO 是低值或正常水平偏低，但是红细胞的产生仍然是增多的。继发性红细胞增多是由于全身缺氧导致的 EPO 浓度上升、分泌 EPO 的肿瘤、或其他刺激红细胞生成的激素增加。红细胞数量上升将导致血液黏滞性过高，并且会降低循环，导致心衰和死亡。

临床症状

- 临床症状包括：黏膜和皮肤出现红斑、多饮多尿、血管扩张（特别是视网膜血管）、虚弱、嗜睡和厌食。

- 出现红细胞增多症时，比较常见由于血液黏滞度过高导致的出血异常。临床症状包括鼻出血、血尿、血红蛋白尿、呕血、血便和出血。

- 血液黏滞度过高也会导致出现中枢神经症状。有时可见抽搐、共济失调、虚弱和失明。

> 技术要点 12.3：红细胞增多症导致的血液黏滞度过高综合征是具有生命危险的症状，会导致多种并发症。

诊断

- 已表现出的临床症状、体格检查（包括眼科检查）和病史将为诊断提供帮助。

- 红细胞增多可能与血液浓缩有关；如果引起红细胞增多的原因是红细胞相对增加，那么这种情况需要解除。

- 实验室检查包括CBC和PCV，红细胞计数的PCV将升高（65%–75%）。

- 血清EPO浓度可以用来鉴别原发和继发的红细胞增多症。

治疗

- 治疗的目的是减少红细胞数量和降低血液黏滞度。使用静脉切开术从循环中移除部分红细胞，使用药物（羟基脲）减缓红细胞生成。对于静脉切开术的动物应给予液体支持以补充机体液体容量。

- 若要制定出最合适的治疗方案，诊断出继发性病例的潜在病因是很有必要的。

客户教育与技术人员建议

- 患病动物需要定期复测CBC，以此来评估红细胞数量和PCV。药物治疗具有骨髓抑制的作用，必须要确保红细胞数量没有降至贫血程度。

白细胞和淋巴疾病

恶性淋巴瘤或淋巴肉瘤

概述

恶性淋巴瘤或淋巴肉瘤（LSA，malignant lymphoma or lymphosarcoma）是致死性的渐进性疾病，其特征是无规则生长的恶性淋巴细胞。肿瘤往往在淋巴组织内形成，包括胸腺、淋巴结、脾脏和骨髓，但也发生于皮肤、肝脏、胃肠道、眼睛、中枢神经系统和骨骼。这种疾病在犬和猫中都比较常见，其是犬类最常见的造血组织肿瘤。基于其在犬中的生长位置，LSA有四种可分辨的类型：多中心型（最常见）、消化道型、纵隔型和淋巴结外型。猫的生长位置往往更不典型，年轻猫常见于胸腔肿物，老年猫常见腹腔肿物。

> 技术要点 12.4：淋巴肉瘤是一种致死性疾病。尽管其对化疗反应良好，但是预后及长期存活率仍差强人意。

临床症状

- LSA的常见临床症状包括：非疼痛性快速广泛性淋巴结病变、厌食、嗜睡、发热和脱水。猫的淋巴结通常不会肿大。

- 消化道型在腹背位X线片上的表现特征与胃肠道异物相似，包括消化不良和吸收不良导致的体重下降、腹部疼痛和便秘。

- 纵隔型的表现类似于导致呼吸困难的呼吸疾病。

- 淋巴结外型的临床症状与其生长位置有关。皮肤型LSA表现为小的隆起的溃疡和鳞状病变，与骨骼有关的病变会导致病理性骨折，肾脏损伤会导致肾衰，与眼部视网膜有关的病变会导致失明。

诊断

- 已表现出的临床症状、体格检查和病史将为诊断提供帮助。
- 根据淋巴结和全身其他组织细针抽吸或者活检得到的细胞学/组织病理学结果，如果提示恶性淋巴细胞（图12.5），则可以直接确诊。
- 如果细胞学/组织病理学无法确诊，可以使用PCR来确诊。PCR可以确定淋巴细胞是否为恶性的。
- 诊断影像技术可用于确定波及到的身体系统。

治疗

- 使用化疗药物治疗LSA，相较于其他类型的

LSA，多中心型对于药物的反应较好。
- 可使用镇痛药物来使动物保持舒适。

客户教育与技术人员建议

- 在兽医使用药物的过程中，LAS对化疗药物的反应较好，但是其平均生存时间短于1年。
- 犬的预后比猫要好。很多猫会进入缓解期，尽管如此，其平均存活时间为6个月。

多发性骨髓瘤（浆细胞瘤）

概述

浆细胞瘤产生于骨髓中的浆细胞（白细胞的一种），这种浆细胞恶性化并且异常增生。浆细胞分泌免疫球蛋白（蛋白质）引起丙种球蛋白病，增加了血清中免疫球蛋白浓度。多发性骨髓瘤是浆细胞瘤最常见的类型，老年犬常见，猫不常见。浆细胞瘤常发生于扁骨，并可能与基因、暴露于致癌物或病毒感染有关。

临床症状

- 多发性骨髓瘤引起骨骼损伤包括病理性骨折、骨溶解和骨质疏松症。这些动物表现为跛行、脊椎疾病和疼痛。
- 丙种球蛋白病引起高蛋白血症，导致血液黏滞度过高综合征或血液变浓稠。黏滞度高的血液会干扰凝血通路从而导致出血。

> 技术要点 12.5：多发性骨髓瘤通过增加血液中的蛋白质，引发血液黏滞度过高综合征，其将导致具有潜在致命性的并发症。

- 蛋白质蓄积于肾脏和淀粉样变会导致低灌注和高血钙，从而引发肾脏疾病。
- 严重的病例包括癫痫、水肿、眼部病变（眼部出血的结果）和免疫缺陷。

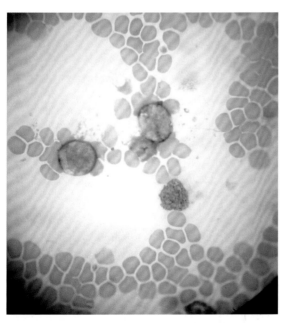

图12.5　来自一只淋巴肉瘤犬病例的恶性淋巴细胞（Diff Quik染色）（图片由Bel-Rea动物技术研究所惠赠）

诊断

- 已表现出的临床症状、体格检查和病史将为诊断提供帮助，由于临床症状可能比较不明显，所以仍需实验室诊断性检测。
- 通过骨髓抽吸将观察到浆细胞增大、变圆和有丝分裂象。浆细胞数量将增加（正常为5%）。
- 诊断影像技术包括X线和骨骼磁共振扫描，将提示骨溶解、骨质疏松和病理性骨折。这些骨骼溶解部位的活检结果将进一步帮助确认病因是否为浆细胞瘤。
- 实验室检测包括CBC、PCV和网织红细胞计数，这些检测结果将提示非再生性细胞缺失和血液黏滞度过高。凝血结果对凝血障碍进一步评估，生化结果将提示肾脏灌注障碍和衰竭的程度（表12.3）。

治疗

- 化疗是可选的治疗方案，其能够帮助骨骼愈合并降低免疫球蛋白。
- 由于这些肿瘤的复杂性，一般不进行手术切除。
- 药物治疗包括镇痛、抗生素和类固醇。
- 治疗继发的并发症很重要。

表12.3　多发性骨髓瘤的实验室诊断

全血细胞计数	非再生性贫血 血小板减少症 白细胞减少症
PCV/TP	PCV下降 高蛋白血症
血液生化	高钙血症 肾脏功能不全
凝血	凝血异常
尿液变化	蛋白尿

- 液体利尿有助于降低血液黏滞度和治疗高钙血症。血液黏滞度过高综合征的治疗也包括血浆置换。这一过程包括移除血浆和清除血浆中的免疫球蛋白，然后再将血浆输送回循环系统。

客户教育与技术人员建议

- 多发性骨髓瘤是一种非常复杂的肿瘤，患病动物存活时间通常较短。

乳糜胸

概述

　　乳糜胸是一种以乳糜（一种淋巴液）在胸腔内蓄积为特征的疾病。乳糜是一种充满小脂肪分子和其他营养物质的奶样液体，由小肠淋巴系统输送至后腔静脉。这种情况犬、猫均可见，但是猫更多一些，其原因为胸（淋巴）导管（TD，thoracic duct）破裂或异常。病因可能是全身性疾病或创伤，但许多病例是特发性的，一般难以诊断出病因。胸腔内积液会阻碍肺部完全扩张，引起呼吸困难。乳糜是一种会引起炎症的刺激物。乳糜同样是白细胞、蛋白质和维生素的主要载体。乳糜泄漏会导致虚弱、代谢紊乱和免疫系统受损。

> 技术要点 12.6：如果胸腔穿刺出的液体是白色、奶样、充满脂肪、白细胞和营养物质的，那么可以定性为乳糜。

临床症状

- 表明胸腔内存在液体蓄积的症状包括呼吸窘迫、呼吸困难、浅呼吸、发绀、虚弱、咳嗽和厌食。

诊断

- 通过心肺听诊进行临床体征和体格检查将听到沉闷的心音，这样的心音是由于胸腔内有液体蓄积。

- 影像学检查有助于确定胸腔内是否存在液体。
- 胸腔穿刺可以确诊胸腔内的乳糜（包含脂肪分子的奶样液体）。实验室评估可以确定液体中存在甘油三酯。乳糜的甘油三酯水平应高于血液中的甘油三酯水平。
- 超声或CT扫描可能有助于确定TD破裂的主要原因。

治疗

- 使用胸腔穿刺从胸腔内取出液体，使呼吸更顺畅。
- 低脂食物将减少身体的乳糜产生量。有一些营养物质有助于控制乳糜当中的蛋白质。
- 使用外科手术防止TD泄漏或者移除腹部乳糜池，这两种方法都是可供选择的治疗方案。

客户教育与技术人员建议

- 治疗不一定能成功，特别是存在无法确定或无法治疗的病因。

血小板与凝血障碍

原发性免疫介导性血小板减少症或特发性血小板减少症

概述

原发性免疫介导性血小板减少症（PIMT，primary immune-mediated thrombocytopenia）是指循环中的血小板或巨核血小板前体（少见）发生免疫介导性破坏的疾病。这种致命的情况会引发出血，从而导致贫血。其在犬常见，在猫少见。母犬高发，但是在猫中无性别倾向。德国牧羊犬、古代牧羊犬、贵宾犬和可卡犬高发，但是与基因的相关性尚未证实。

> 技术要点 12.7：PIMT是一种自发免疫性疾病，免疫系统破坏循环中的血小板，并且可能同时破坏骨髓中的血小板前体。

临床症状

- 临床症状与出血有关，包括瘀血斑、牙龈出血、鼻出血、黑粪症、呕血、血尿和咳血。
- PIMT的临床症状还包括呼吸困难、厌食和嗜睡。

诊断

- 已表现出的临床症状、体格检查和病史将指向出血性疾病。
- 通过血小板定量计数来确定低血小板浓度，其通常低于10 000–50 000个/μL（正常为200 000–500 000个/μL）。血小板同样可以通过血涂片来评估，但是其精确度低于血小板计数。
- 出血所导致的贫血可以通过CBC、红细胞计数和PCV来评估。
- 骨髓抽吸可以用来评估巨核细胞是否为破坏性抗体攻击的目标。
- ELISA和IFA能够检测出附着于血小板或巨核细胞上的抗体。IFA检测不是最可信的。如果ELISA结果是阴性，那么可以排除这种疾病，但是阳性结果并不能鉴别出血小板疾病是原发性的还是继发性的。
- 排除其他导致血小板减少的原因有助于初步诊断。

治疗

- 治疗包括限制活动和使用皮质类固醇或其他免疫抑制剂来抑制免疫损伤。
- 必须采取输血疗法纠正贫血，但是输血并非非常有帮助，因为循环中的血小板会在几小时内被破坏。

客户教育与技术人员建议

- 该病常复发，所以患病动物需要定期复查血小板和红细胞指标。
- 尽管尚未证实该病与基因之间的联系，但是诊断为PIMT的动物不应继续繁育。

血友病

概述

血友病是一种由于内源性凝血途径的凝血因子缺乏而导致的出血性疾病。基于特定的因子，犬、猫共有两种类型血友病类型。A型血友病为缺乏凝血因子Ⅷ，其为犬、猫最常见的先天性出血疾病。B型血友病为缺乏凝血因子Ⅸ，其并不像A型血友病那样常见。血友病是与X染色体有关的疾病，也就是说雌性为携带者，但是雄性会发病。这两种类型具有相同的临床症状、检测和治疗方案。

> 技术要点 12.8：A型血友病是犬、猫最常见的先天性出血性疾病，而B型血友病在犬、猫中罕见。不幸的是，这两种类型的血友病都是无法治愈的。

临床症状

- 与血友病相关的临床症状包括：出血时间延长、牙齿萌出时间延长和出生时脐血管存留时间延长。
- 同样会见到血友病的患病动物由于关节血肿导致的跛行、血肿形成和体腔积血。
- 仍具有一定数量凝血因子Ⅷ和Ⅸ的动物可能不会表现出严重的临床症状，但是其术后或创伤后出血时间会延长。
- 凝血因子Ⅷ和Ⅸ含量很低或没有的动物会自发性出血。
- 无论猫的凝血因子浓度如何，它们很少发生自发性出血。

诊断

- 已表现出的临床症状、体格检查和病史将为出血性疾病诊断提供帮助，但并不具特异性。
- 可以测量凝血因子的浓度。患血友病动物的凝血因子Ⅷ或Ⅸ含量是不足的。
- 患血友病的动物，其部分活化凝血酶原时间（APTT，activated partial thromboplastin time）和活化凝血时间（ACT，activated clotting time）都是延长的，这两项凝血检测可以发现内源性凝血途径和共同通路中的问题，但是患病动物的冯氏因子（vWF，von Willebrand factor）是正常的。

治疗

- 这种疾病难以治愈。唯一可行的治疗方案是在出血发生时输注冷凝蛋白、血浆或全血。为了防止出现血型反应，除非失血引起贫血的情况，否则应避免输注全血。
- 当需要进行可能导致出血的手术或其他操作时，也应当考虑预防性输血。

客户教育与技术人员建议

- 由于血友病是遗传病，所以已确诊的动物或携带者不应作繁殖用。

冯·威利布兰德病

概述

冯·威利布兰德病（von Willebrand's disease）是一种先天性vWF功能不全的疾病，又称血管性血友病，其中vWF是初级凝血中一种关键的蛋白因子。这种蛋白因子介导血小板与内皮细胞的黏附，从而开始血凝块的形成。冯·威利布兰德病是犬中最常见的先天性出血性疾病，但是在猫中罕见。这种疾病分为三种类型：Ⅰ型是最常见的，其临床症状轻微至中度，vWF的浓度较低。Ⅱ型具有中度至重度临床症状，vWF的浓度也较低。Ⅲ型具有重度临床症状，完全不含vWF。有些品种易患冯·威利布兰德病，包括杜宾犬、彭布罗克威尔士柯基犬、万能㹴、喜乐蒂牧羊犬和苏格兰㹴。

> 技术要点12.9：冯·威利布兰德病是犬中最常见的先天性出血性疾病，但是在猫中罕见。根据vWF的缺失程度，该疾病具有不同的等级。

临床症状

- 临床症状与过度出血有关，包括牙龈出血、鼻出血、血尿、血便、擦伤和贫血。
- 在临床操作或采血后出现明显的过度出血症状。

诊断

- 已表现出的临床症状、体格检查和病史将为出血性疾病诊断提供帮助，但并不具有特异性。
- 凝血检测中APTT、凝血酶原时间（PT，prothrombin time）和ACT正常。有些患病动物因缺少凝血因子Ⅷ，导致APTT和ACT时间延长。
- 患病动物具有正常的血小板计数。
- 颊黏膜出血时间（BMBT，buccal mucosal bleeding time）延长与缺乏vWF有关。
- 有一种诊断冯·威利布兰德病的方法，可以检测vWF的含量。

治疗

- 这种疾病难以治愈，治疗的目的在于控制引发出血的因素。
- 在出血发生或手术之前，必须输注全血、冷凝蛋白或血浆。
- 使用去氨加压素刺激血管内皮细胞释放vWF。这种治疗方案并非长效的，并且对于Ⅲ型患病动物无效，但是在会引发出血的手术或临床操作之前该方案是有一定效果的。

客户教育与技术人员建议

- 为了避免出血，应限制患病动物活动。

弥散性血管内凝血

概述

弥散性血管内凝血（DIC，disseminated intravascular coagulopathy）是一种急性的、致命的、难以控制的炎症反应，其特征为起始于患病动物血管内失衡的凝血和纤溶系统失衡，这将引起全身性的凝血、出血和器官衰竭。DIC通常为继发性疾病，某种因素发生后，暴露或释放组织因子将引发DIC，这些因素包括电击、中暑、败血症、血管内溶血、肿瘤、烧伤和胰腺炎。犬和猫均可发生DIC。

> 技术要点12.10：DIC的预后很差，很少有患病动物可以存活。

临床症状

- DIC通常为亚临床症状。
- DIC患病动物会出现止血不良的迹象。犬更易出血，而猫更易出现弥漫性血栓。
- 因为DIC是继发疾病，所以只有潜在的原发病才会继发该病。

诊断

- 目前没有单一的测试可以直接评估患病动物的DIC病情。通常患病动物具有四种以上异常检测结果时可以认为患有DIC。凝血检测结果、CBC、血液生化和尿检结果是检查患病动物的常用实验室检测项目（表12.4）。
- 患病动物必须表现出潜在的疾病和血栓或出血的证据，并具有与DIC一致的实验室结果。
- 可以通过剖检确诊DIC。

表12.4　DIC的实验室诊断

血涂片形态	红细胞碎片
全血细胞计数	溶血性贫血 血小板减少症 中性粒细胞核左移
电解质结果	代谢性酸中毒
血液生化结果	氮质血症 肾脏功能紊乱 肝脏功能紊乱 血红蛋白血症 高胆红素血症
血凝变化	APTT、PT和纤维蛋白原时间延长
尿液变化	血红蛋白尿 胆红素尿

治疗

- DIC是一种发展迅速的疾病，需要立即进行积极的治疗或安乐死。
- 治疗方案包括肝素或其他血液稀释剂，输注全血或血浆，抗生素治疗，输液改善组织灌注，必要时需要给予氧气治疗，还需要纠正电解质紊乱。
- 由于DIC是继发疾病，所以必须诊断出原发病并给予纠正。

客户教育与技术人员建议

- 由于疾病进展很快，所以预后较差。存活率很低。

灭鼠剂中毒

概述

　　灭鼠剂是犬、猫最常见的中毒物质（误食），其会通过减少维生素K依赖性凝血因子而致

凝血障碍。这种毒物会抑制维生素K循环，而维生素K是激活凝血因子Ⅱ、Ⅶ、Ⅸ和Ⅹ的必要辅助因子。没有这些凝血因子，动物无法将凝血酶原转化为凝血酶。这些毒物比较美味，对动物具有吸引力。犬、猫通过直接误食中毒，或食入中毒而死的其他动物而导致间接中毒。

> 技术要点 12.11：灭鼠剂是犬、猫最常见的中毒物质，犬、猫通过直接误食中毒或食入中毒动物的尸体而中毒。在犬、猫活动的区域应避免使用灭鼠剂。

临床症状

- 随着有活性的凝血因子耗竭和无法新生，在中毒后3–5d会表现出临床症状。
- 这些临床症状各不相同，但都是由于凝血障碍导致的，临床症状包括血肿（特别是在压力点）、深层和表面擦伤、瘀血点、瘀血斑、出血、贫血、黑粪症、眼前房出血、血胸导致的呼吸困难、血腹、血尿、咳血、呕吐或腹泻带血、关节积血导致跛行和脑出血导致的共济失调或癫痫。
- 还可观察到厌食和嗜睡。

诊断

- 已表现出的临床症状、体格检查和病史将为诊断提供帮助，但在未明确患病动物吃过什么东西之前无法确诊。
- APTT、ACT、PT时间延长，PT最先出现异常。
- 维生素K1诱导的蛋白缺失或拮抗作用(PIVKA)是目前最特异的诊断方法。PT或PIVKA延长3倍，高度提示灭鼠剂中毒。
- 灭鼠剂中毒的动物通常表现为再生性贫血。
- X线检查可以用来评估出血。
- 尸检组织评估可以提示组织中的灭鼠剂。
- 若维生素K治疗有效，则提示为灭鼠剂中毒。

治疗

- 如果近期中毒，可以使用催吐剂、活性炭或其他吸附剂和导泻剂治疗。
- 所有怀疑摄入过灭鼠剂的患病动物都应通过注射或口服途径接受维生素K治疗。治疗时长取决于灭鼠剂的类型。
- 对于出血的病例有必要输注冷冻血浆或全血。
- 根据临床症状的严重程度，有必要使用液体疗法、氧气治疗和其他支持性治疗方案。

客户教育与技术人员建议

- 预后取决于灭鼠剂类型和采取治疗的时机。具有潜在疾病的动物、新生动物或老年动物的死亡风险更高。
- 高脂食物有助于维生素K吸收，其能够提高维生素K的生物利用率。所以维生素K必须要与高脂罐头一起饲喂。
- 治疗期间和治疗后几周必须要监测凝血指标。
- 预防措施包括：防止动物四处游荡，不要在家中或犬、猫活动的场所使用灭鼠剂。

猫动脉血栓栓塞或猫鞍形血栓

概述

　　猫动脉血栓栓塞（FATE，feline aortic thromboembolism）是一种致命的、疼痛的、仅限于猫科的疾病，其由于血栓嵌入鞍区（主动脉在盆腔向左右髂动脉分叉处）而形成。这种栓子起源于左心房，其一旦嵌入鞍区，即会阻碍血液流向后肢。这会导致炎症级联反应和代谢异常，从而导致循环休克。同样会导致组织、血管和神经损伤。大多数患有鞍形血栓的猫都患有某种引起血液出现扰流的心脏病，从而导致血栓。继发于甲亢的肥厚型心肌病是较常见的病因。对于其他患病动物来说，肿瘤也可能是潜在病因。

> 技术要点 12.12：猫鞍形血栓是非常疼痛的一种疾病，在治疗方案中必须进行疼痛管理。

临床症状

- 大部分猫双后肢都会受到影响，但是有些猫仅单侧受影响。后肢会变得僵硬、冰冷和瘫痪，爪垫会变为蓝色。
- 由于非常疼痛，患病动物会嚎叫、喘息和呼吸急促。
- 严重者可导致全身休克。

诊断

- 已表现出的临床症状、体格检查和病史将为诊断提供帮助。
- 胸部X线检查将提示肺部周围的液体和心脏增大；这都是充血性心力衰竭（CHF，congestive heart failure）的症状。
- 可使用心电图或超声来评估心脏，心脏超声更具诊断意义。
- 可使用CT扫描来评估血管或可视化血栓栓子。
- 可使用血液生化来评估器官功能。

治疗

- 考虑到该病的预后和猫所遭受的痛苦，有些宠主会选择安乐死。
- 必须要使用镇痛剂来使猫感觉舒适一些。
- 如果期望猫存活，则必须立即纠正循环休克，包括静脉输液。
- 必须使用血液稀释剂来溶解血栓，如果潜在的心脏问题没有得到控制，那么疾病仍会复发。
- 只有在立即发现血凝块，心脏内没有其他血凝块，且患病动物不发生CHF时，才能通过手术来移除血凝块。
- 由于血流受阻导致组织受损，可能要采取截肢的方案。

客户教育与技术人员建议

- 体温是预后的良好指标。肛温高于37.2℃（98.9° F）的猫，其预后好于低于37.2℃（98.9° F）的猫。
- 如果心脏病未得到控制，通常会复发。
- 在猫能够再次行走之前，需要密切监护患猫。
- 患猫需要长期接受抗血栓治疗。

参考阅读

[1] "Animal Poison Control Center Articles for Veterinarians." Animal Poison Control Center: ASPCA Professional. Accessed June 3, 2013. http://www.aspcapro.org/animal¬poison¬control¬centerarticles.php.

[2] "Bleeding Disorder in Dogs." Accessed June 3, 2013.http://www.petmd.com/dog/conditions/cardiovascular/c_dg_von_willebrand_disease.

[3] "Cancer in Animals." College of Veterinary Medicine.December 30, 2009. Accessed June 3, 2013. http://www.vetmed.wsu.edu/deptsOncology/owners/lsaFeline.aspx.

[4] "Circulatory System: Merck Veterinary Manual." Accessed June 3, 2013. http://www.merckmanuals.com/vet/circulatory_system.html.

[5] "Healthy Dogs." Symptoms and Treatments of Anemiain Dogs. Accessed June 3, 2013. http://pets.webmd.com/dogs/symptoms¬and¬treatments¬of¬anemiain¬dogs.

[6] "IMHA." March 13, 2013. Accessed June 3, 2013. http://www.marvistavet.com/html/body_imha.html.

[7] Khuly, Patty, DVM. "Saddle Thrombus: Every CatOwner's Worst Nightmare: PetMD." Accessed June 3,2013. http://www.petmd.com/blogs/fullyvetted/2010/may/saddle_thrombus_in_cats.

[8] "Plasma Cell Cancer in Dogs." VetInfo. Accessed June3, 2013. http://www.vetinfo.com/plasma¬cell¬cancerin¬dogs.html.

[9] Sternberg, Rachael, DVM, Jackie Wypij, DVM, DACVIM,and Anne M. Barger, DVM, DACVP. "An Overview ofMultiple Myeloma in Dogs and Cats—VeterinaryMedicine." October 1, 2009. Accessed June 3, 2013.http://veterinarymedicine.dvm360.com/vetmed/ArticleStandard/Article/detail/632165.

[10] Welton, Roger L., DVM, DACVP. "Saddle Thrombus."Web DVM. August 18, 2012. Accessed June 3, 2013.http://web¬dvm.net/saddlethrombus.html.

第13章　兔、豚鼠及龙猫疾病

13

　　龙猫、兔和豚鼠是很受欢迎的宠物，因此常会出现在兽医诊所。豚鼠和龙猫有很近的亲缘关系。虽然和兔子的亲缘关系相对较远，但这几种动物间有许多相似之处。这三种动物的常见疾病包括胃肠道疾病、泌尿系统疾病、足部疾病、口腔咬合不正、中暑和传染性疾病。

尿石症/膀胱泥沙

概述

　　豚鼠和兔常会出现尿钙，这会导致其出现尿道结石和"膀胱泥沙"。这一现象也被称为高钙尿或尿钙过多。膀胱泥沙更常见于兔，其主要由尚未形成结石的钙盐和结晶组成，其性状为粉末或细沙状（图13.1）。豚鼠和兔尿石的成分通常是尿液中的磷酸钙、碳酸钙和三重磷酸盐沉淀。豚鼠也会形成草酸结石。兔和豚鼠的正常尿液pH为8.0−8.5，结晶和结石倾向于在pH升高时形成。其他影响结石形成的因素包括营养失调，特别是钙的增加、遗传、饮水量减少和代谢紊乱。

临床症状

- 尿石的临床症状包括血尿、笼内血点、排尿困

难、无尿、尿频、腹痛、嗜睡和厌食。

- 有膀胱泥沙的兔易出现喷尿或排尿不当。浓稠的尿液黏在兔会阴处也很常见。

- 豚鼠的症状很难确定，因为豚鼠耐受能力强而且症状不明显。

诊断

- 依据患病动物的病史和体格检查可作出尿石的初步诊断。

- 尿液分析会显示血尿和可能存在结晶。

- X线或B超可能显示膀胱中存在结石或泥沙（图13.2）。

- 针对肾结石的病例可使用静脉肾盂造影（IVP，intravenous pyelogram）。

治疗

- 可尝试药物溶石治疗豚鼠和兔的结石，但常收效甚微。

- 可能需要通过膀胱切开术移除结石（图13.3）。

- 膀胱泥沙需要导尿和冲洗。先晃动膀胱使泥沙形成悬浊液再排出效果更好（图13.4）。

- 利尿会让更多尿液通过膀胱，有助于冲洗出膀胱内容物。

a

b

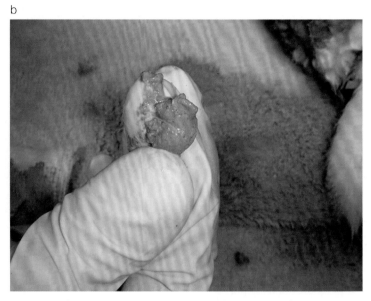

图13.1　a. 兔的尿液（图片由Amy Johnson和Bel-Rea动物技术研究所惠赠）。b. 兔浓稠的膀胱泥沙（图片由Dan Johnson，DVM惠赠，www.avianandexotic.com）

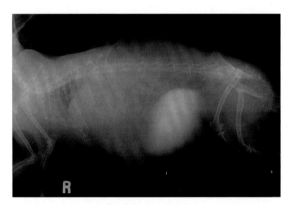

图13.2　X线显示膀胱冲洗前兔的膀胱泥沙（图片由Dan Johnson，DVM惠赠，www.avianandexotic.com）

图13.3　兔膀胱切开取石术（图片由Dan Johnson，DVM惠赠，www.avianandexotic.com）

- 减少饮食中的钙摄入是重要的治疗和预防措施。
- 尿液酸化剂治疗尚存争议。必须小心不要酸化过度。

客户教育和技术人员建议

- 运动会使兔的膀胱泥沙混合在一起而更容易被排出。

- 成年兔和豚鼠应避免饲喂苜蓿草，因其钙含量过多。

> 技术要点 13.1：成年兔和豚鼠应避免饲喂含有苜蓿的颗粒粮、干草和零食，因其钙含量过高。

- 增加饮水量是增加排尿次数的重要措施。

a
b

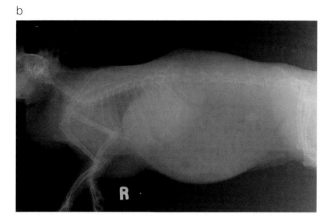

图13.4 a. 兔膀胱冲洗的过程。b. 兔膀胱冲洗后的X线片（图片由Dan Johnson，DVM惠赠，www.avianandexotic.com）

胃迟缓

概述

胃迟缓是一种常见于兔、豚鼠及龙猫的病症，其特征是胃肠道动力不足。诱发因素包括应激、疼痛和颗粒日粮（碳水化合物）过多而纤维（干草）过少。胃迟缓如不及时治疗，可能致命。

> 技术要点 13.2：食草动物的胃迟缓如未及时发现并治疗，可能是致命的。

临床症状

- 胃迟缓通常伴有厌食病史。
- 临床症状包括排便减少、粪便干硬、饮水量下降而脱水、腹部不适、嗜睡、腹部听诊肠鸣音减少或缺失。

诊断

- 体格检查、病史和临床症状有助于诊断。

- 腹部听诊肠鸣音减少或消失，或由于气体积聚而出现响亮的咕噜声。
- X线显示可能存在气体、小肠空虚或其他潜在疾病。

治疗

- 治疗包括使用镇痛药进行疼痛管理和减少应激。
- 使用液体疗法纠正脱水，同时帮助补充胃肠内容物水分。
- 强饲和给予胃动力调节药物对恢复胃肠道蠕动非常重要。

兽医技术人员职责 13.1

胃肠道迟缓的恢复需要强饲及液体疗法。

- 识别并纠正原发疾病也很重要。

客户教育和技术人员建议

- 这一情况也会在手术后发生，保持动物进食及疼痛管理都很重要。

溃疡性脚皮炎、脚垫病或跗关节痛

概述

溃疡性脚皮炎是一种见于豚鼠和兔的疾病，该病是足底表面的慢性炎症、溃疡并继发细菌感染。尽管有多种细菌可能与该病有关，但金黄色葡萄球菌是最常见的致病菌。该病的诱发因素包括肥胖、卫生条件差和地面或垫材不合适所产生的压疮。兔饲养中的应激、神经紧张、"跺脚"引起的外伤、脊椎损伤引起的瘫痪和遗传因素都可能与该病相关。

临床症状

- 患有溃疡性脚皮炎的动物，其足部为红色，伴有发炎和疼痛。也可见角化过度、脓肿和溃疡（图13.5）。
- 疼痛可能使动物不愿移动。
- 患兔会保持一个能减轻跖面压力的坐姿，在行走时可能像是"踮着脚"。

诊断

- 基于体格检查及临床症状可作出诊断。
- 伤口的取样培养可确认感染细菌的种类。
- 严重病例需要拍摄X线片以确定是否影响骨骼。

治疗

- 治疗的一个重点是保持光滑的地面及舒适的垫材。
- 可将患足浸泡在消毒液中，外用抗生素软膏，也可配合包扎。
- 镇痛药是控制疼痛所必需的。
- 一些严重的病例可能需要对坏死组织进行清创并口服抗生素。

客户教育和技术人员建议

- 适宜的地面及保持干爽的表面是预防该病的关键。

a

b

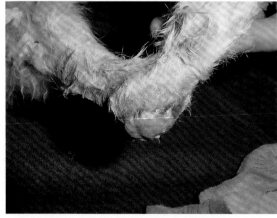

图13.5　a. 豚鼠的脚垫病。b. 兔的跗关节痛（图片由Dan Johnson，DVM惠赠，www.avianandexotic.com）

技术要点 13.3：溃疡性脚皮炎常由不适宜的地面或由于兔站在被粪便、尿液污染的地面所引起。

咬合不正或流涎

概述

兔及啮齿动物存在开放根尖（持续生长）的牙齿。当牙齿生长过长使上下颌无法正常闭合就会发生咬合不正。这一情况会阻碍进食及饮水，导致脱水及营养不良。主要的诱发因素被认为是遗传或营养不良所致的下颌畸形。其他因素包括不当的饮食、下颌骨折及啃咬笼子。兔子和龙猫多发生在切齿，偶尔在颊齿出现；而豚鼠常见于前白齿以及位于前面的白齿。

临床症状

- 过长的牙齿造成上下颌无法正常闭合，并引起过度流涎，使口和下巴周围的毛被打湿。这会导致此区域脱毛和发炎（图13.6）。
- 其他临床症状包括厌食、体重减轻、脱水、口腔出血和被毛蓬乱。
- 颊齿问题会导致颊部以及舌损伤（图13.7）。
- 营养不良和脱水可导致癫痫发作、昏迷甚至死亡。

诊断

- 临床症状及体格检查即可确诊。
- 牙科X线可以检查牙齿、根尖和排齐，有助于诊断和治疗。

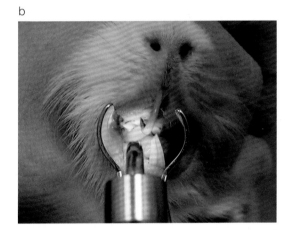

图13.6　a. 龙猫的切齿咬合不正。b. 豚鼠的切齿咬合不正。c. 兔的切齿咬合不正（图片由Dan Johnson，DVM惠赠，www.avianandexotic.com）

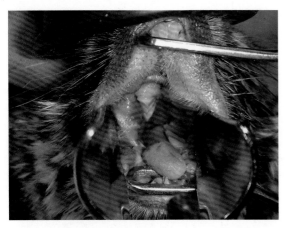

图13.7　龙猫的颊齿咬合不正（图片由Dan Johnson，DVM 惠赠，www.avianandexotic.com）

治疗

- 需要进行修整，但需要小心不要伤及牙髓腔。
- 将饮食更换为硬质的颗粒饲料帮助磨牙（译者注：建议增加干草的比例帮助磨牙，硬的颗粒饲料并没有明显改善牙齿磨损的作用），同时保证营养充足。
- 提供啃咬物体帮助磨牙。

兽医技术人员职责 13.2

存在咬合不正的患病动物需要对牙齿进行修整或打磨，以使口腔正常闭合，从而恢复进食及饮水。

客户教育和技术人员建议

- 建议不要繁育有咬合不正遗传倾向的个体。

中暑

概述

　　当豚鼠、兔及龙猫的体温升高到超出正常范围时将发生中暑。环境温度过高、湿度过大、笼舍通风不佳及保定都是诱发中暑的因素。

临床症状

- 临床症状包括气喘、过度流涎、呼吸急促及体温升高。

诊断

- 依据临床症状、体格检查及体温升高可作出诊断。

治疗

- 将发病动物进行冷水浴降温（译者注，通常中暑动物不建议冷水浴，会造成毛细血管收缩，体核温度下降减慢建议用流动自来水降温）并给予静脉液体治疗。
- 激素也是常用的治疗药物。

客户教育和技术人员建议

- 中暑动物通常预后不良。
- 保定、饲养环境及笼舍摆放需要谨慎考虑。应避免将笼子安置在阳光直射下或散热通风口外，并确保环境通风良好。
- 室外饲养的兔子需要提供遮阴处，在炎热天气需要提供凉爽的区域。

技术要点13.4：室外饲养的动物更易发生高体温而非低体温。

呼吸道感染

概述

　　这些物种的呼吸道感染通常是由细菌引起的，尽管病毒也可能是原因之一。多杀性巴氏杆菌（*Pasteurella multocida*）是兔的主要致病原，常表现为"抽鼻子"。支气管败血性博德特氏杆菌（*Bordetella bronchiseptica*）或肺炎链球菌（*Streptococcus pneumoniae*）是豚鼠呼吸道疾病的主要病原。龙猫的呼吸道致病菌主要包括多杀性巴氏杆菌、肺炎链球菌、支气管败血性博德特氏杆菌和铜绿假单胞菌（*Pseudomonas aeruginosa*）。易感因素包括拥挤、通风不良、高湿度和应激。

传播

- 通过直接接触、污染物和气溶胶传播。

临床症状

- 许多动物无症状，并隐藏疾病迹象，直到严重发病，导致死亡。
- 临床症状包括食欲减退、体重减轻、嗜睡、鼻和眼分泌物（图13.8）、呼吸困难、打喷嚏、毛发粗乱、中耳炎、歪头、肺炎及梳理过程分泌物沾染在前肢内侧。
- 巴氏杆菌感染的兔可能在出现整个呼吸道的脓肿、生殖器损伤及败血症。

诊断

- 根据所表现的临床症状及体格检查可作出诊断。
- 细菌培养可确定致病菌。
- 如怀疑兔感染巴氏杆菌，ELISA或PCR可帮助确诊。

治疗

- 大多在给予抗生素治疗的同时结合支持治疗，包括强饲和输液。

a

b

图13.8　a. 豚鼠呼吸道感染所致鼻腔分泌物。b. 梳毛后脚上黏有干燥鼻腔分泌物的豚鼠（图片由Dan Johnson，DVM惠赠，www.avianandexotic.com）

客户教育和技术人员建议

- 这些物种的呼吸道感染大多是慢性的，预后不良。
- 人类也可感染，尤其是动物感染肺炎链球菌时。

乳腺炎

概述

乳腺炎常见于兔和豚鼠，偶见于龙猫。与乳腺相关的炎症和感染常由金黄色葡萄球菌（*Staphylococcus aureus*）、链球菌（*Streptococcus* spp.）、克雷伯菌（*Klebsiella* spp.）或多杀性巴氏杆菌（*Pasteurella multocida*）引起。兔乳腺炎可见于哺乳期及假孕的个体。细菌感染可能是由于巢箱、牙齿所引起的外伤或饲养条件不卫生所致。

临床症状

- 临床症状包括乳腺和乳头颜色的变化、乳腺发热发炎、充血以及乳头排出黏液脓性分泌物。
- 可能出现乳汁浓稠度或颜色的变化，以及乳汁带血。
- 在乳腺炎病例中也可出现原本幼崽发育良好但逐渐恶化的情况。

诊断

- 体格检查及出现临床症状可帮助诊断。
- 分泌物或乳汁的细菌培养可鉴定引起乳腺炎的病原菌。

治疗

- 给予抗生素并配合乳腺热敷。
- 可能需要对脓肿腺体进行切开、冲洗和引流。
- 给予镇痛药可以舒缓疼痛。
- 在治疗过程中，幼崽可能需要人工饲喂。

客户教育和技术人员建议

- 环境卫生是预防乳腺炎的重要因素。

兔毛球或毛粪石

概述

由于兔会梳理并吞下毛发，因此兔可出现毛粪石的问题。兔无法呕吐，所以毛发必须通过胃肠道排出。如果兔的胃里有食物来推动毛发通过，这也不是问题。只有存在厌食、过度梳理（无聊）或由于低纤维饮食而大量吞下毛发时，无法呕吐才是一个问题。

> **技术要点 13.5：** 毛球常是厌食所导致的；如果胃是空的，胃肠蠕动减慢。

临床症状

- 临床症状包括厌食、嗜睡、脱水、无便。除此之外这些兔通常是健康的。

诊断

- 对存在突然食欲减退和饮欲减少或废绝的兔，应考虑毛粪石。
- 腹部触诊可触及胃内团块。
- X线或B超可发现团块。

治疗

- 治疗可以尝试给予液体、通过胃管投喂矿物油、轻轻按摩胃部以及给予胃动力调节药物。木瓜蛋白酶和菠萝蛋白酶是来源于菠萝和木瓜的酶，可以用来分解胃里的毛发。
- 如果药物治疗无法使毛发通过胃肠道，则可能需要手术移除（图13.9）。
- 肠道内的正常菌群将被破坏，必须恢复。可通过给予益生菌或健康兔的盲肠便来实现。

客户教育和技术人员建议

- 应给兔饲喂高纤维饮食和含有蛋白水解酶的水果以预防毛球，如菠萝和木瓜。富含纤维的新鲜水果和蔬菜应始终作为兔饮食的一部分。
- 兔换毛时应勤梳毛，以避免其摄入过多的毛发。
- 应避免应激和肥胖等诱发因素。

兔眼积水

概述

眼积水是一种兔常见的遗传性青光眼。由于眼内液体的产生及排出异常所产生。可能是单眼发病，也可能双侧同时发病。

临床症状

- 眼压升高和眼球增大是眼积水的常见临床症状。
- 其他临床症状包括角膜混浊、疼痛、角膜水肿和溢泪。
- 当视力受到影响时，动物会表现出轻微的头部倾斜。

诊断

- 病史和临床表现有助于初步诊断。由于是遗传性疾病，临床症状通常发生在低龄动物。

a
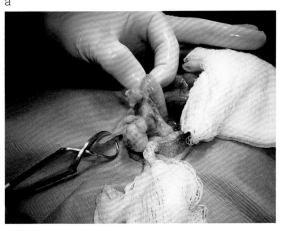

b

图13.9 a. 对兔进行剖腹手术，取出其摄入胃内的干毛垫。b. 从兔消化道取出的毛团（图片由Dan Johnson，DVM惠赠，www.avianandexotic.com）

- 眼积水患眼存在眼压升高。
- MRI或CT扫描能更好地帮助检查眼内结构。

治疗

- 并非所有的病例都需要治疗。未出现明显眼压增高及疼痛的个体可进行严密监测。
- 通过手术可以减少眼内部液体的产生，同时增加眼内部液体的排出。
- 可以尝试用治疗青光眼的常规药物。根据病情的严重程度，这些药物可以局部或全身使用。
- 化学消融是通过在眼内注射药物导致产生液体的细胞死亡来实现的。
- 如果眼压使眼睛疼痛且无法进行其他治疗时，眼球摘除是另一个选择。

客户教育和技术人员建议

- 遗传性疾病，患病动物不应繁殖。

兔子宫腺癌

概述

　　子宫腺癌是5岁以上未绝育雌兔最常见的肿瘤，腺癌通常是多发性肿瘤，可能转移到其他器官。

临床症状

- 生育能力下降是子宫腺癌首先表现的临床症状之一，但该症状可能会被动物主人忽视。其他临床症状包括血性阴道分泌物、血尿、腹部触诊时可触及肿块、乳腺囊肿、行为改变特别是攻击性、黏膜苍白、嗜睡和厌食。

诊断

- 如果成年未绝育雌兔出现相关临床症状，子宫腺癌将出现在鉴别诊断列表中。
- X线和B超将有助于诊断。
- 通过活检和组织病理学进行确诊。

治疗

- 子宫卵巢摘除术是最好的治疗选择。转移前切除子宫可改善预后（图13.10）。
- 化疗药物治疗可用于转移病例。

> **技术要点 13.6：** 不建议用于繁殖的兔子绝育。

坏血病（维生素C缺乏病）

概述

　　坏血病可见于豚鼠，是一种由维生素C缺乏所引起的疾病。豚鼠缺乏合成维生素C所需的酶，因此必须在饮食中提供维生素C。当维生素C缺乏时会出现胶原合成和凝血能力的缺陷。饲喂不适当饮食（如兔粮、过期或储存不当的粮食）的豚鼠有患坏血病的危险。

> **技术要点 13.7：** 豚鼠的食物中必须含有维生素C。必须密切注意颗粒粮的有效期和储存条件，以确保动物获得足够的维生素。

临床症状

- 维生素C缺乏1–2周后将出现临床症状。
- 患坏血病的动物不愿意移动，表现出运动疼痛、关节炎和跛行。

a
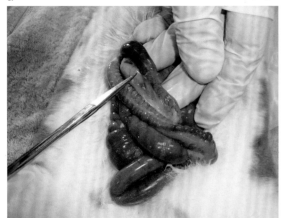

b
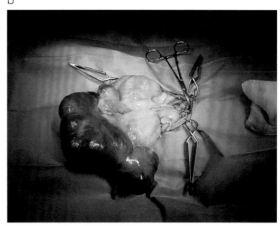

c
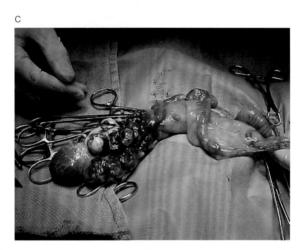

图13.10　兔子宫肿瘤切除术（图片由Dan Johnson，DVM惠赠，www.avianandexotic.com）

- 其他临床症状包括贫血、机会性感染、厌食、出血、体重减轻、不整洁或蓬乱的被毛及猝死。
- 坏血病患病动物还可出现关节周围肌肉和骨膜出血，也可见骨骺肿大。

诊断

- 根据维生素C缺乏的临床症状和病史可作出初步诊断。

- 尸检时检查病变部位可确诊。
- 如果能早期确诊，治疗方法是每天服用维生素C，持续1~2周。

客户教育和技术人员建议

- 维生素C是一种非常不稳定的维生素，食物中维生素C通常只在90d内有效。
- 食物应存放在阴凉、干燥和避光的地方。

- 维生素C还可以通过含有维生素C的新鲜水果和蔬菜、零食和维生素补充剂提供。

抗生素相关性肠毒血症

概述

抗生素相关性肠毒血症是在兔、豚鼠和龙猫上使用特定抗生素时所发生的疾病。由于食草动物的正常肠道菌群主要由革兰氏阳性菌所组成，故使用抗生素，特别是抗菌谱针对革兰阳性菌的抗生素，会破坏正常菌群。这种菌群结构的破坏可能造成梭菌（革兰氏阴性菌）过度生长并释放毒素，进而导致腹泻和血液毒性。

临床症状

- 开始使用抗生素后数小时至2d内开始出现临床症状。
- 临床症状包括腹泻、嗜睡、厌食、脱水和电解质紊乱。

诊断

- 根据抗生素使用史和临床症状可作出初步诊断。
- 粪便细胞学检查显示梭菌增多可确诊（图13.11）。

治疗

- 这种情况往往是致命的，重要的是预防，而不是治疗。
- 必须立即停止抗生素治疗。
- 液体和电解质治疗是恢复体液、电解质和酸碱平衡的关键。
- 镇痛药会使动物更舒适。

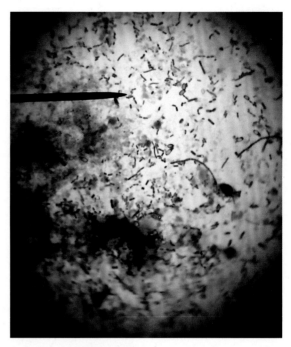

图13.11 在粪便细胞学检查中发现的梭菌（Diff Quik染色）。染色后呈现中心清晰、轮廓紫染的椭圆形杆状菌（图片由Amy Johnson和Bel-Rea动物技术研究所惠赠）

- 其他治疗包括益生菌治疗以恢复菌群平衡、强饲以及给予吸附肠毒素的药物。

客户教育和技术人员建议

- 在这些物种中，抗生素的选择和使用应谨慎。应避免使用青霉素类和头孢菌素类抗生素，包括氨苄西林、阿莫西林、克林霉素、链霉素和红霉素。更安全的选择包括四环素、磺胺类药物、喹诺酮和氯霉素。

> 技术要点 13.8：豚鼠可以使用抗生素，但应谨慎选择药物。

是由疱疹病毒科病毒引起的豚鼠常见感染。除非动物受到应激或免疫功能受损，否则很少出现临床症状。

链球菌性淋巴结炎、颈部淋巴结炎或肿块

概述

肿块是一种见于豚鼠的疾病，以颈部淋巴结脓肿为特征。这些脓肿由链球菌引起，最常见的是由兽疫链球菌（*Streptococcus zooepidemicus*）引起，细菌可能通过口腔损伤或呼吸道进入动物体内。

临床症状

- 颈部腹侧淋巴结发炎会导致下腭肿胀。
- 起初淋巴结很硬，但后来充满厚厚的干酪样渗出物，使淋巴结变得柔软。
- 尽管有些动物会发展成致命的败血症，但大多数发病动物除了感染的淋巴结外似乎都是健康的。

诊断

- 根据体格检查，包括颈部腹侧淋巴结触诊，以及所表现的临床症状可作出初步诊断。
- 淋巴结培养可鉴定病原菌。

治疗

- 可口服抗生素，注意不要使用会引起肠毒血症的抗生素。
- 可能需要将脓肿的淋巴结切开、冲洗和引流。

豚鼠巨细胞病毒

概述

豚鼠巨细胞病毒（CMV，caviancytomegalovirus）

传播

- 通过唾液或尿液释放的病毒传播或在子宫内由母体传至胎儿。

临床症状

- 存在CMV临床症状的动物中，唾液腺有炎症和压痛。

诊断

- 诊断是通过唾液腺的细胞学检查建立的。该病毒具有特征性的包含体，见于唾液腺细胞的细胞质和细胞核中。

治疗

- 虽然有抗病毒治疗的实验，但除了支持治疗外，治疗方法有限。

> 技术要点 13.9：CMV和豚鼠白血病病毒都会在豚鼠体内持续存在数年，直到出现明显临床症状。

豚鼠白血病/淋巴肉瘤

概述

豚鼠白血病/淋巴肉瘤是一种由与FeLV相似的逆转录病毒科病毒引起的B淋巴细胞瘤。这种病毒影响受感染动物的血细胞生成。大多数豚鼠在子宫

内感染这种疾病，出生时即携带病毒，病毒在临床症状出现前病毒可能休眠数年。

临床症状

- 临床症状包括黏膜苍白、被毛蓬乱、厌食、腹泻、黄疸和上行性麻痹。
- 淋巴结病、脾肿大和肝肿大也常见于该病毒感染。

诊断

- 病史和临床症状将把豚鼠白血病列入鉴别诊断列表。
- 感染动物的血常规检查显示贫血和白细胞增多。
- 淋巴结抽吸及X线或B超显示淋巴结、脾脏和肝脏肿大将有助于诊断。

治疗

- 目前还没有治疗这种病毒的方法，该病毒对豚鼠而言是致命的。

豚鼠难产

概述

难产被定义为产仔困难，常见于肥胖、骨盆联合融合、胎儿过大或异常胎儿的豚鼠。难产也可以由宫缩无力引起。

临床症状

- 临床症状包括阴道出血或流出绿褐色分泌物、腹痛或超过妊娠期末分娩。
- 豚鼠通常在分娩开始后1h内娩出所有幼崽。发生

难产时，常见长时间宫缩却无胎儿娩出。部分胎儿可能出现在产道中，看起来像是"卡住了"。

诊断

- 通过繁殖史、体格检查和临床症状可作出诊断。
- X线可用于评估胎儿的数量、大小和位置以及骨盆联合。

治疗

- 如果病因是宫缩无力，注射激素可以用来刺激宫缩。
- 可以进行剖宫产，尽管雌鼠很少能活下来。

客户教育和技术人员建议

- 应在7–9个月龄骨盆联合融合之前，首次繁殖豚鼠。一旦开始繁殖，骨盆就不会融合。

> 技术要点 13.10：非繁殖用的豚鼠应进行绝育或不与雄性合笼。

龙猫毛滑及啃毛

概述

由于无聊、营养不良或饲养技术不当及应激，龙猫会啃咬下半身的毛发。毛滑是由于粗暴对待、打架或肾上腺素释放引起的焦虑而造成毛发的成片脱落。

临床症状

- 啃毛的龙猫会有一个"狮子鬃毛"的外观，因为下半身能够到区域的毛发会因啃咬而变短。

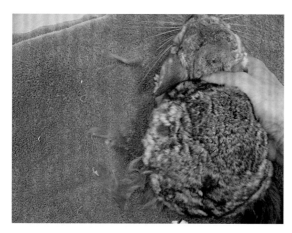

图13.12 龙猫毛滑（图片由Dan Johnson，DVM惠赠，www.avianandexotic.com）

- 龙猫毛滑会导致斑块性脱毛，但脱毛区域的皮肤正常（图13.12）。

诊断

- 这两种情况都可通过临床症状、病史和体格检查作出诊断。
- 啃毛的动物在尸检、剖腹手术或X线检查中会发现胃内有毛。

治疗

- 针对啃毛的动物应提供啃咬玩具。减少啃毛的另一个重要因素是减少应激。
- 除了让毛发重新生长（可能需要5个月）外，无法治疗毛滑。预防是关键，通过减少应激和适当的把持方法来解决。

龙猫胃鼓胀（腹胀）

概述

- 龙猫腹胀的特征是胃内气体积聚引起腹胀。常见

的原因包括饮食改变、进食过量或哺乳期低钙血症。

临床症状

- 临床症状包括嗜睡、呼吸困难和腹胀。
- 腹痛会导致龙猫反复翻滚和拉伸。

诊断

- 通过临床症状、病史和体格检查进行诊断。
- X线将显示充满气体而鼓胀的胃。

治疗

- 插胃管放气可以缓解胃胀。
- 哺乳期雌性对补钙反应良好，通常静脉注射。

客户教育和技术人员建议

- 动物主人在改变饮食或喂食计划时应小心谨慎。
- 应计算饲喂量以避免进食过度。

参考阅读

[1] "Antibiotic Toxicity in Guinea Pigs." Accessed February 26, 2013. http://www.petmd.com/exotic/conditions/endocrine/c_ex_gp_antibiotics.
[2] "Bloating in Chinchillas." Accessed February 26, 2013. http://www.petmd.com/exotic/conditions/digestive/ c_ex_ch_bloat.
[3] Brown, Susan, DVM, MS, DACVP. "Bladder Stones and Bladder Sludge in Rabbits." September 2006. Accessed February 26, 2013. http://www.rabbit.org/health/urolith.html.
[4] "Cancer of the Uterus in Rabbits." Accessed February 26, 2013. http://www.petmd.com/rabbit/conditions/reproductive/c_rb_uterine_adenocarcinoma.
[5] "Cancers and Tumors in Guinea Pigs." Accessed February 26, 2013. http://www.petmd.com/exotic/

conditions/skin/c_ex_gp_cancers_tumors.

[6] Cheeran, Maxim C.-J., James R. Lokengard, and Mark R. Schleiss. Clinical Microbiology Reviews. January 22, 2009. http://www.ncbi.nlm.nih.gov/ pmc/ articles/PMC2620634/.

[7] Clemons, Donna, DVM, MS, Lizabeth A. Terril, DVM, and Joseph E. Wagner, DVM, MPH, PhD. "Guinea Pigs: Infectious Disease." http://ehs.uc.edu/ lams/ data/pdfs/9025.pdf.

[8] "Difficulty Giving Birth in Guinea Pigs." Accessed February 26, 2013. http://www.petmd.com/exotic/ conditions/reproductive/c_ex_gp_dystocia.

[9] "Gut Stasis in Rabbits and Guinea Pigs." Melbourne Rabbit Clinic RSS. May 18, 2012. Accessed February 26, 2013. http://www.melbournerabbitclinic.com/ wordpress/?p=851.

[10] Hoefer, Heidi L., DVM, DABVP. "Urolithiasis in Rabbits and Guinea Pigs." Lecture. http://www.ivis. org/proceedings/navc/2006/SAE/625.pdf?LA=1.

[11] Hrapkiewicz, Karen, DVM, MS, DACLAM, and Leticia Medina, DVM, DACLAM. Clinical Laboratory Animal Medicine:AnIntroduction. Ames,IA:Blackwell,2007.

[12] Kahn, Cynthia M. "Diseases of Chinchillas, Rabbits, and Guinea Pigs." In The Merck Veterinary Manual. Whitehouse Station, NJ: Merck, 2005.

[13] Keil, Susan, DVM, MS, DACVO. "The Missouri House Rabbit Society." Accessed February 26, 2013. http:// www.mohrs.org/hrswebpg24.html.

[14] "Kenmare Veterinary Centre." Accessed February 26, 2013. http://www.kenmarevc.ie/ diseasesofguineapigs. htm.

[15] Krempels, Dana M., PhD. "GastroIntestinal Stasis: The Silent Killer." Accessed February 26, 2013. http:// www.bio.miami.edu/hare/ileus.html.

[16] Nakamura, Curt, DVM, MPH, PhD. "Antibiotic Associated Enterotoxemia in Guinea Pigs." Accessed February 26, 2013. http://www.petplace.com/small-mammals/antibiotic-associated-enterotoxemia-in-guinea-pigs/page1.aspx.

[17] "SEAVS.com—Stahl Exotic Animal Veterinary Services—Rabbits/Gastrointestinal." January 26, 2011. Accessed February 26, 2013. http://www. seavs.com/rabbits/gastrointestinal.html.

[18] "Sore Hocks in Rabbits." Accessed February 26, 2013. http://www.petmd.com/rabbit/conditions/skin/ c_rb_ulcerative_pododermatitis.

[19] Venold, Fredrik, DVM, MS, DACVO, and Fabiano Montiani-Ferreira, MV, MCV, PhD. "Selected Ocular Diseases in Rabbits." Exotic DVM. http:// www.ivis. org/journals/exoticdvm/9-1/venold.pdf.

第14章　雪貂疾病

14

雪貂是与犬、猫亲缘关系很近的肉食动物。作为宠物，雪貂越来越受人们的喜爱，使其更频繁地出现在兽医诊所就诊，尽管在美国的某些州将雪貂作为宠物饲养是非法的。雪貂是非常好奇、有趣的动物，它们常会将自己陷入困境。它们会偷窃、啃咬并吞下房屋内的许多物体，使其易发胃肠道异物。雪貂很容易感染许多传染病，不仅是雪貂传染病，也包括人流感和犬瘟热。雪貂最常见的疾病包括胰岛素瘤、肾上腺疾病和淋巴瘤。

胰腺 β 细胞瘤或胰岛素瘤

概述

胰岛素瘤是雪貂最常见的肿瘤之一，为胰腺 β 细胞瘤。此类肿瘤可产生过量胰岛素，导致患病动物出现低血糖。胰岛素瘤常见于2岁以上的雪貂。

> **技术要点 14.1：胰腺 β 细胞瘤是雪貂最常见的肿瘤之一。**

临床症状

- 雪貂胰岛素瘤的临床症状通常与低血糖有关（图

14.1）。症状包括无力、嗜睡、后肢无力、流涎、难以睡醒、体重减轻和共济失调。
- 磨牙症（磨牙、咬紧牙）及爪子抓挠脸部也可见于胰岛素瘤，这可能是恶心所致。
- 严重的病例可出现癫痫和昏迷。

诊断

- 患胰岛素瘤的雪貂的血液生化结果显示低血糖，但胰岛素浓度可能正常或升高，因此仅靠胰岛素浓度无法确诊。
- B超可用于检查胰腺肿物。

治疗

- 胰岛素瘤无法治愈。
- 药物治疗包括皮质类固醇以及胰岛素抑制剂。
- 有些病例需要切除肿物，但胰岛素瘤倾向于在胰腺内转移，完全切除较为困难（图14.2）。

> **兽医技术人员职责 14.1：**
>
> 患有胰岛素瘤的雪貂需要经常采集血液来监测其血糖浓度。

图14.1 雪貂由于低血糖发作而表现出慢性体重减轻、流涎和急性晕厥（图片由Dan Johnson，DVM惠赠，www.avianandexotic.com）

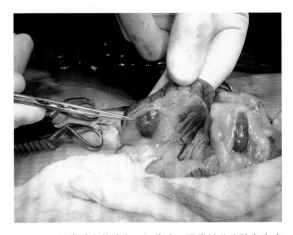

图14.2 异常肿大的胰岛β细胞瘤，通常被称为胰岛素瘤（图片由Dan Johnson，DVM惠赠，www.avianandexotic.com）

- 应避免高碳水化合物饮食和治疗，特别是含有较多单糖的食物。单糖比多糖更快进入血液，导致血糖浓度飙升。

客户教育和技术人员建议

- 一旦确诊，需要终身治疗。
- 术后预后谨慎，因为多数病例会出现复发。
- 该病需要持续监测血糖，以便对患病动物进行适当的管理。

肾上腺疾病或肾上腺皮质功能亢进

概述

　　与犬的肾上腺疾病不同，雪貂的肾上腺疾病涉及性激素（黄体酮、睾酮和雌激素）的过度分泌。肾上腺皮质功能亢进是雪貂最常见的肿瘤性疾病，雪貂2岁即有发病，但平均发病年龄为4岁。该病由肾上腺腺瘤、腺癌所引发，或在罕见的病例上由肾上腺增生所引发。

> 技术要点 14.2：雪貂的肾上腺皮质功能亢进与犬库欣病不同，在雪貂上是因性激素而不是皮质醇分泌过多而致病。

临床症状

- 脱毛是雪貂肾上腺疾病的常见症状之一。双侧对称性脱毛见于背部，包括腹侧、臀部和尾部。脱毛从尾部开始并朝躯体发展。脱毛还可伴发瘙痒（图14.3）。
- 已绝育雌性会出现外阴肿胀，类似于发情的未绝育雌性（图14.4）
- 雄性会出现攻击性表现，并恢复爬跨行为。排尿费力是前列腺增大的表现。
- 骨髓抑制是雌激素分泌过多的结果。这种抑制会导致贫血、免疫系统抑制和血小板减少。

诊断

- 基于病史、临床症状及体格检查可以作出初步诊断。

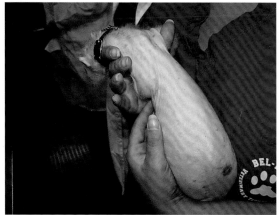

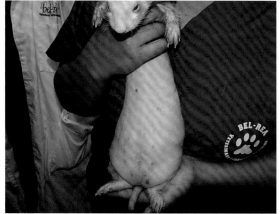

图14.3 a. 患有肾上腺疾病的雪貂背部脱毛。b. 患有肾上腺疾病的雪貂的腹侧脱毛（图片由Amy Johnson, AnDeeGroditski和Bel-Rea动物技术研究所惠赠）

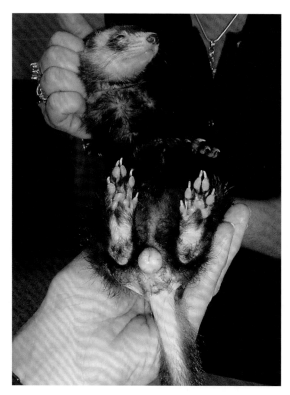

图14.4 雌性雪貂肾上腺皮质疾病典型的外阴肿胀（图片由Dan Johnson，DVM惠赠，www.avianandexotic.com）

- 全血细胞计数显示贫血、白细胞减少症及血小板减少症。
- 可能触诊到肿大的肾上腺。
- X线通常对诊断帮助不大，B超可发现腺体肿大。
- 确诊需要做性激素检查或肾上腺手术活检。

治疗

- 药物治疗是保守治疗方法，包括使用促性腺激素释放激素（GnRH）拮抗剂、雄激素受体拮抗剂、抗雄激素药物、芳香化酶抑制剂和褪黑素。褪黑素可用于治疗脱毛和减少GnRH的分泌。
- 也可手术治疗肾上腺疾病。肾上腺摘除可治愈该病，但约一半的病例仍可能复发。手术时必须小心谨慎，因手术会导致医源性肾上腺皮质功能减退，需要补充激素。

客户教育和技术人员建议

- 一旦确诊，需终身治疗，患病动物需持续监测。
- 发病机制有早期绝育/去势（未绝育的动物也会发病）、非常规饮食和遗传因素。

再生障碍性贫血/雌激素中毒

概述

雪貂再生障碍性贫血是由于雌激素过量产生所致，其对骨髓有毒性作用。雌性雪貂为诱导排卵，即除非繁殖，否则雌性雪貂不会排卵，这会导致雌激素分泌延长。骨髓抑制导致无红细胞、白细胞和血小板生成。患病雪貂易患贫血、出血性疾病和可能致命的继发性感染。

> 技术要点 14.3：建议给非繁殖雪貂进行绝育。

临床症状

- 骨髓抑制和贫血可导致黏膜苍白、嗜睡、呼吸困难、厌食和后肢无力。
- 雌激素导致外阴肿胀。
- 长期发情的雌性会出现脱毛。脱毛开始于尾巴的底部和腿内侧，并最终延伸至全身。

诊断

- 根据未绝育雌性的临床症状可以作出初步诊断。
- 全血细胞计数将出现非再生性贫血，红细胞压积、白细胞计数、血小板计数偏低。
- 未绝育雌性血液激素检测中，雌激素浓度高提示该病。

治疗

- 对无繁殖目的的雌性雪貂可以采取子宫卵巢摘除的方法进行治疗。
- 如果打算用于繁殖，可以通过注射激素结束发情期。

- 在严重情况下，可能需要输血和补铁。
- 支持治疗包括输液、强饲和使用类固醇。

客户教育和技术人员建议

- 美国各地的法律都限制出售未经绝育的雪貂，以避免宠物雪貂出现这种疾病。
- 因血小板减少所致的出血性疾病或由免疫抑制引起的继发感染可引起死亡。

淋巴瘤/淋巴肉瘤

概述

淋巴瘤和淋巴肉瘤是雪貂常见的肿瘤，影响机体多个系统和淋巴结，包括脾脏、肝脏、心脏、胸腺和肾脏（图14.5）。幼年雪貂的此类急性疾病被称为"幼年"淋巴肉瘤，见于2岁以下的雪貂。老年雪貂的慢性疾病被称为"典型"淋巴肉瘤。因报告显示在多雪貂家庭发病率高，怀疑可能由病毒引发。

临床症状

- 淋巴结增大是"典型"淋巴肉瘤雪貂的常见临床症状。"幼年"淋巴肉瘤并不总是伴有淋巴结增大。
- 其他临床症状为非特异性，包括厌食、嗜睡、体重减轻、呕吐/腹泻（V/D）、腹部增大和皮肤肿物。
- 有胸腺肿物的动物会因为肿物对肺的压迫而出现呼吸困难。

诊断

- 病史、临床症状和血检中淋巴细胞升高提示该病。

- B超和X线片可用于评估淋巴结的大小及内脏肿物。
- 通过对骨髓和怀疑的淋巴结的穿刺检查获得确诊（图14.6）。

治疗

- 治疗包括切除受影响的淋巴结和化疗或放疗。
- 支持治疗包括输液、强饲和使用皮质类固醇。

客户教育和技术人员建议

- 预后取决于诊断时疾病的严重程度。治疗越积极，预后越好。

流感

概述

　　雪貂易受多种人类流感病毒感染。年轻雪貂继发感染的风险更大。这些病毒既可由动物传染人，也可由人传染给动物，通过气溶胶、直接接触和污染物传播。

> 技术要点14.4：流感病毒既可由动物传染人，也可由人传染给动物。

临床症状

- 临床症状一般轻微，包括打喷嚏、咳嗽、流鼻涕和眼分泌物、结膜炎、嗜睡、发热、厌食、罕见呕吐/腹泻（V/D）。
- 临床症状通常持续1–2周。

诊断

- 通常根据体格检查、临床症状、病史或接触情况作出初步诊断。
- 可通过外送参考实验室检测获得确诊，尽管很少这样做。

治疗

- 流感感染通常是自限性的，不需要治疗。

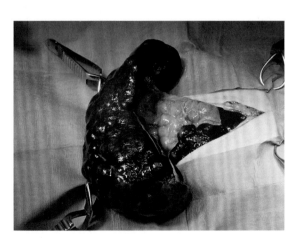

图14.5 雪貂4期淋巴瘤的脾、肝脏结节（图片由Dan Johnson, DVM惠赠，www.avianandexotic.com）

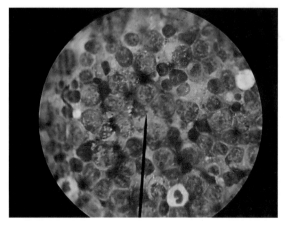

图14.6 淋巴瘤结节印片，Wright-Giemsa染色（Diff Quik），1000X（图片由Dan Johnson, DVM惠赠，www.avianandexotic.com）

- 可使用预防和治疗继发性细菌感染的抗生素，以及抗组胺药和止咳药。
- 支持治疗包括输液和提供良好的营养。

客户教育和技术人员建议

- 流感感染可与犬瘟热的早期症状混淆。患犬瘟热的雪貂会出现较浓稠的绿色鼻腔和眼睛分泌物，还会出现高烧。
- 主人或动物护理人员在生病时应避免和雪貂接触或戴口罩并洗手，以避免传染给雪貂。

流行性卡他性肠炎或绿色黏液性腹泻

概述

流行性卡他性肠炎（ECE，epizootic catarrhal enteritis）是一种高度传染性的胃肠道疾病，在很多雪貂上均有发病，特别是在收容所、救护中心、宠物商店和雪貂集中的地区。病原可能是冠状病毒科的病毒，潜伏期为2-4d。尽管该病传染性很强，但死亡率很低。

> 技术要点 14.5：流行性卡他性肠炎是一种高度传染性疾病，通过新引入家庭的雪貂传播。

传播

- 感染是污染物通过粪—口途径传播或由一只新的雪貂进入家庭所致。

临床症状

- 年轻雪貂的临床症状非常轻微，但年龄越大病情表现越严重。临床症状通常持续2-14d。

- 临床症状包括厌食、体重减轻、嗜睡、脱水和呕吐。
- 常见持续性腹泻，粪便在病情发展过程中不断变化。早期可见绿色黏液性腹泻（图14.7）。在疾病后期，因肠壁受到影响，无法吸收营养和液体，导致粪便呈现"鸟食"样外观（图14.8）。

诊断

- 有接触新饲养的幼年雪貂的病史和临床症状可以作出初步诊断。
- 很难获得确诊。粪便的电子显微镜检查可确定其病原为冠状病毒。

治疗

- 治疗是完全的支持治疗，包括给予易消化的食物、液体治疗、抗生素和胃肠保护剂。

客户教育和技术人员建议

- 良好的环境卫生是阻止疾病传播的必要条件。
- 大多数康复的动物将持续6个月携带病原。所有患病动物都应该与未感染的动物隔离6-12个月。

雪貂系统性冠状病毒感染或雪貂传染性腹膜炎

概述

雪貂系统性冠状病毒感染（FRSCV，ferret systemic coronavirus）是一种新发现的雪貂疾病，与猫的FIP相似。这种疾病见于幼年雪貂，通常小于1.5岁，且常为致命性疾病。

图14.7 雪貂绿色黏液性腹泻（图片由Dan Johnson，DVM惠赠，www.avianandexotic.com）

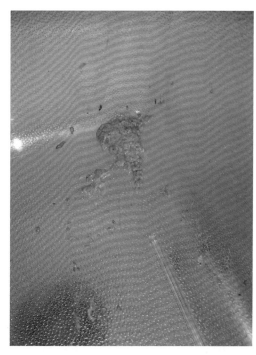

图14.8 雪貂绿色黏液性腹泻，呈现"鸟食"样外观（图片由Dan Johnson，DVM惠赠，www.avianandexotic.com）

传播

- 该病是通过接触受感染的雪貂而传播。尽管确切的传播途径尚不清楚，但强烈怀疑为粪-口途径传播。

临床症状

- 临床症状包括腹泻、厌食、体重减轻、嗜睡、呕吐、发热、肌肉萎缩、磨牙症、绿色尿、直肠发炎、直肠脱垂、腹部肿块、脾肿大、肾增大和心脏杂音。
- 中枢神经症状包括后肢无力、共济失调、震颤、惊厥和歪头。

诊断

- 病史、临床症状、血液检查、X线和B超检查将有助于初步诊断。
- 生化检查可提示腹部器官的变化，全血细胞计数可显示非再生性贫血和血小板减少症。
- X线和B超可评估腹部器官和腹部肿物。
- 与FRSCV一致的病灶组织病理学检查结果高度提示该病。
- PCR和免疫组织化学检查可得到确诊。

治疗

- 预后很差，绝大多数病例会死亡。通常感染FRSCV的雪貂会被安乐死。
- 如进行尝试治疗，则通常是对症治疗和支持治疗，包括液体治疗和营养支持。当雪貂生活质量下降时，需要考虑安乐死。

犬瘟热

概述

　　雪貂高度易感犬瘟热，这是一种造成雪貂高死亡率的病毒。

技术要点 14.6：雪貂易患犬瘟热，通常是致命的。若一起饲养犬和雪貂，二者都应该接种疫苗。

传播

- 雪貂暴露于分泌物气溶胶、污染物和受感染的动物（通常是犬）而接触病毒。

临床症状

- 该病的早期症状表现为下巴和腹股沟区的皮炎，会发展为眼睑和鼻子上厚厚的棕色结痂。还常见脚垫角化过度。
- 随着病情发展，出现发热、食欲减退、黏膜发红、黏脓性的眼和鼻分泌物、肺炎和直肠脱垂。
- 在疾病的末期，常见中枢神经系统症状包括流涎、昏迷、共济失调和癫痫。这些中枢神经系统症状被称为"间歇性痉挛"。

诊断

- 未接种疫苗的雪貂如存在暴露史及出现临床症状，可以作出初步诊断。
- IFA、组织病理学或抗体滴度检查可确诊。

治疗

- 除了支持治疗外，没有别的治疗方法。犬瘟热的死亡率高达100%，雪貂出现临床症状后10-14d死亡。

客户教育和技术人员建议

- 雪貂可以接种疫苗预防犬瘟热。市场上有一种用于

雪貂的疫苗，但是疫苗反应也是雪貂常见的风险。
- 养犬的主人和护理人，特别是饲养幼犬的人，应谨慎接触雪貂。

胃内异物

概述

雪貂是非常好奇、爱探索的动物，尤其是幼年雪貂，有吞食异物的倾向，可引起胃或肠梗阻。这些物品通常是橡胶和海绵材质的玩具或物品，或是垫料（图14.9），也可能是毛球。胃内异物是年轻雪貂厌食的常见诊断。

技术要点 14.7：胃内异物是1岁以下雪貂最常见的胃肠道疾病。

临床症状

- 临床症状包括呕吐、厌食、磨牙症和腹痛。

图14.9 雪貂胃内橡胶异物（图片由Dan Johnson，DVM惠赠，www.avianandexotic.com）

诊断

- 有吞食异物的倾向，且存在厌食病史和临床症状的雪貂，胃内异物需要放在鉴别诊断列表的首位。
- 腹部触诊可触及异物。
- 通过X线或内镜看到异物即可确诊（图14.10）。

治疗

- 根据异物大小、形状和位置的不同，有些可通过内镜移除。
- 开腹探查并取出异物。

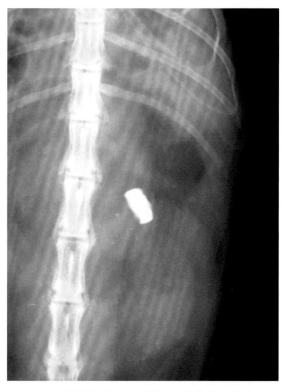

图14.10 雪貂体内牙冠异物的X线片（图片由Dan Johnson，DVM惠赠，www.avianandexotic.com）

客户教育和技术人员建议

- 患病雪貂预后良好。
- 对于毛球症，可使用雪貂通便剂或凡士林预防。
- 主人必须保持警惕，防止雪貂因吞食异物而受到伤害，给它们选择合适的玩具。

> 技术要点 14.8：应避免给雪貂柔软的、橡胶或耐嚼的玩具。

参考阅读

[1] Bell, Judith A., DVM, PhD. "Heat Cycles in Ferrets." Peteducation.com. http://www.peteducation.com/article.cfm?c=11+2081&aid=545.

[2] Brown, Susan, DVM, PhD. "Canine Distemper in Ferrets."VeterinaryPartner, September 16, 2006. http://www.veterinarypartner.com/Content.plx?A=674.

[3] Graham, Elizabeth, Catherine Lamm, Daniel Calivo Carrasco, Mark F. Stidworthy, and Marie Kubiak. "Systemic CoronavirusAssociated Disease Resembling Feline Infectious Peritonitis in Ferrets in the UK." Accessed February 26, 2013. http://veterinaryrecord. bmj.com/content/171/8/200.extract.

[4] Hrapkiewicz, Karen, DVM, MS, DACLAM, and Leticia Medina, DVM, DACLAM. Clinical Laboratory Animal Medicine: An Introduction. Ames, IA: Blackwell, 2007.

[5] "Influenza in Ferrets: Signs, Diagnosis, Treatment, Prevention." Peteducation.com. http://www.peteducation.com/article.cfm?c=11+2071&aid=2464.

[6] Kahn, Cynthia M. "Diseases of Ferrets." In The Merck Veterinary Manual. Whitehouse Station, NJ: Merck, 2005.

[7] "Malignant Tumor of the Lymphocytes (Lymphoma) in Ferrets." Accessed February 26, 2013. http:// www.petmd.com/ferret/conditions/cancer/c_ft_ lymphoma.

[8] Ramsell, Katrina, DVM, PhD. "An Emerging Ferret Disease: FerretFIP." April 1, 2008. Accessed February 26, 2013. http://www.smallanimalchannel.com/ferrets/ ferrethealth/emergingdiseaseferretfip.

aspx.

[9] Ramsell, Katrina D., DVM, PhD. "Gastrointestinal Disease in Ferrets." VeterinaryPartner.com. http://www.veterinarypartner.com/Content.plx?P=A&A=3346&S=5&SourceID=43.

[10] Rhody, Jeff, DVM, PhD. "What Every Ferret Owner Should Know About Adrenal Disease." Veterinary Partner.com, March 5, 2007. VIN. http://www.veterinarypartner.com/Content.plx?P=A&C=189&A=2512&S=0&EVetID=3001459.

第15章 仓鼠、沙鼠及大鼠疾病

15

小型啮齿动物常是给小朋友、饲养在学校教室和住所不允许养犬、猫的人的宠物。其优点有：可以装在笼子里，易于清洁和喂食，维护成本低。这些物种主要的缺点是寿命短。尽管各个物种都有自己独有的疾病，但有些疾病在这三个物种中均有发生。这些物种最常见的疾病是感染性疾病。

咬合不正

概述

啮齿类动物咬合不正是由于牙齿根尖开放/持续生长，或牙齿长得过长造成无法正常咬合。通常是由于不正确的饮食导致牙齿磨损不足，但也可由遗传或营养缺乏所导致的颌骨畸形所引起。

> 技术要点 15.1：啮齿动物的牙齿不断生长，应该定期监测其长度。

临床症状

- 过长的牙齿伸出口腔外面或穿透腭和/或鼻窦的牙齿常会引起流涎、嘴周围被毛打湿、口腔或鼻腔出血、厌食、体重减轻、饮水减少或不喝水造成的脱水（图15.1）。

诊断

- 根据临床症状和体格检查作出诊断。
- 牙科X线可用于评估损伤程度。

治疗

- 治疗包括剪牙或磨牙，注意不要切入牙髓腔或剪得太短，以确保正常咀嚼。
- 对于虚弱的动物，支持治疗是必要的。如果动物不能自己进食或饮水，则需要补充液体和营养。

客户教育和技术人员建议

- 硬颗粒粮可帮助保持牙齿磨短，还应提供啃咬玩具。

增生性回肠炎、增生性肠炎或湿尾症

概述

增殖性回肠炎是一个通用术语，用于描述由细菌感染引起的腹泻。多种细菌可能与该病有关，以胞内罗氏菌为主要病原，此外大肠杆菌、空肠弯

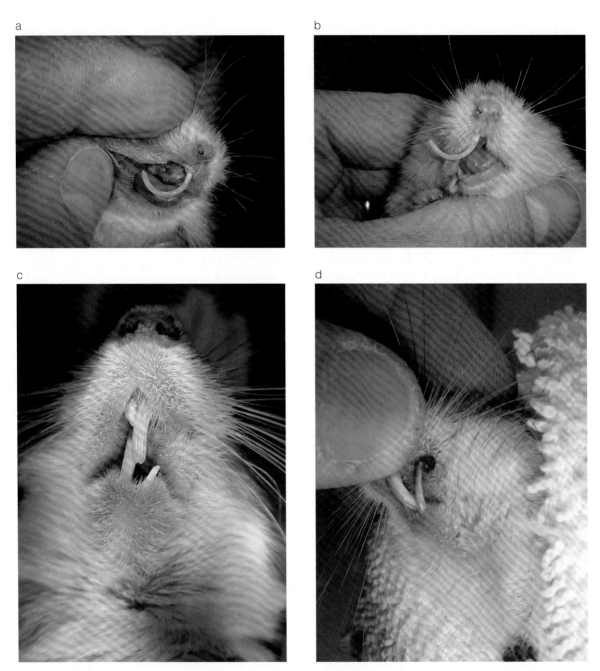

图15.1　a. 仓鼠切齿咬合不正。b. 仓鼠切齿咬合不正。c. 沙鼠切齿咬合不正。d. 沙鼠切齿咬合不正导致软组织损伤（图片由 Dan Johnson，DVM惠赠，www.avianandexotic.com）

曲菌等也在一些病例中分离到。该病见于所有啮齿动物，但仓鼠最为常见。该病的发病率和死亡率都很高。影响因素包括应激、运输、过度拥挤、手术或饮食变化。

> 技术要点 15.2：增生性回肠炎是仓鼠细菌性腹泻病的统称。

传播

- 细菌通过粪—口途径传播。

临床症状

- 在笼子内发现腹泻便，或在腹侧和会阴区域积

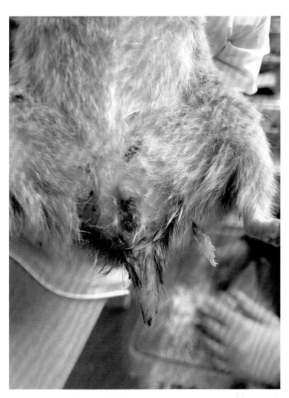

图15.2　仓鼠"湿尾"（图片由Amy Johnson，Jennifer Koester和Bel-Rea动物技术研究所惠赠）

聚，导致皮毛呈现打湿的外观（图15.2）。
- 其他临床症状包括厌食、嗜睡和脱水。

诊断

- 临床症状、病史和体格检查有助于初步诊断。
- 特定细菌的鉴定需要组织病理学、病灶培养，或在尸检时进行PCR。

治疗

- 支持治疗包括补充液体和电解质。
- 需要给予抗生素，但必须谨慎选择，以免出现抗生素中毒。

客户教育和技术人员建议

- 隔离、良好的环境卫生、减少应激和防止饲养过度拥挤是预防该病的关键。

抗生素相关性肠毒血症或梭菌性肠病

概述

与其他食草动物类似，该病是由于使用针对革兰氏阳性菌的特异性抗生素引起梭菌（革兰氏阴性）过度生长所致。该病死亡率很高。

> 技术要点 15.3：抗生素相关性肠毒血症通常是啮齿动物的致命疾病。与治疗相比，更容易预防。应谨慎使用抗生素。

临床症状

- 给予抗生素后出现的临床症状包括大量腹泻、厌食、体重下降、脱水。

诊断

- 临床症状、抗生素使用史和体格检查将有助于诊断。
- 粪便细胞学检查或厌氧培养可确诊（图15.3）。

治疗

- 支持治疗包括液体治疗、营养支持和电解质补充。
- 口服健康动物粪便有助于重建正常的菌群平衡。

泰泽氏病或毛发样梭状芽孢杆菌

概述

泰泽氏病见于大鼠、沙鼠，偶见于仓鼠，会引起类似湿尾症的症状。该病是由毛发样梭状芽孢杆菌引起的，毛发样梭状芽孢杆菌是一种革兰阴性杆菌。

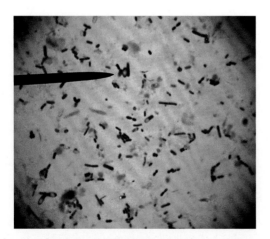

图15.3 粪便细胞学检查中的梭菌（图片由Amy Johnson和Bel-Rea动物技术研究所惠赠）

传播

- 泰泽氏病通过粪—口途径传播。

临床症状

- 临床症状包括厌食、体重减轻、脱水，经常出现泡沫样黄色稀便甚至猝死。

诊断

- 基于临床症状和病史可以作出初步诊断。
- 通过肠道、肝脏和心脏组织的组织学检查发现革兰氏阴性菌，或可能的情况下送检参考实验室做PCR和ELSIA检测，最终确诊。

治疗

- 可以给予抗生素治疗细菌感染。
- 支持治疗包括补液和营养支持。

客户教育和技术人员建议

- 毛发样梭状芽孢杆菌是一种会形成孢子的细菌。孢子很难被杀灭，所以保持卫生十分重要。

呼吸道感染

临床症状

呼吸道感染常见于大鼠和仓鼠，但罕见于沙鼠。感染的原因有细菌性和病毒性等，包括小鼠呼吸道支原体病（MRM，*mycoplasmosis*）、纤毛相关呼吸道（CAR，*ciliaassociatedrespiratory*）杆菌、链球菌属、葡萄球菌属、巴氏杆菌属、仙台病毒、克雷伯氏菌属、博德特菌属和棒状杆菌属。通常是正常菌群出现了机会感染。

可能出现急性和慢性呼吸道感染，常见并发感染。

传播

- 大多数感染是通过气溶胶、直接接触和污染物传播。
- 有些病原微生物可能垂直传播和通过性传播。

临床症状

- 一些动物的呼吸道感染通常是亚临床型的，或者因应激造成免疫抑制后，动物会表现出感染的迹象。
- 临床症状包括打喷嚏、流鼻涕和眼分泌物（图15.4）、呼吸困难、弓背姿势、磨牙、歪头、被毛蓬乱和"鼻塞"状的响亮呼吸声。

诊断

- 临床症状、病史和体格检查可诊断呼吸道感染。
- 尸检时的组织病理学检查、ELISA或PCR可用于确定具体的病原。

治疗

- 通常需要给予抗生素治疗，但在多数情况下，只起到抑制临床症状的作用，并不能真正清除感染。

> 技术要点 15.4：抗生素治疗可能有助于抑制呼吸道感染，但不能清除感染。

- 在严重情况下，可能需要支持治疗，包括补充液体和营养。

客户教育和技术人员建议

- 良好的卫生和隔离患病动物是预防感染的重要措施。

a

b

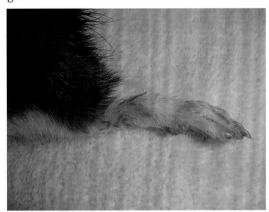

图15.4 a. 大鼠面部卟啉和黏液积聚与呼吸道感染有关。b. 与大鼠呼吸道感染相关的前爪上的卟啉和黏液积聚（图片由 Dan Johnson，DVM惠赠，www.avianandexotic.com ）

肿瘤

概述

相比其他啮齿类动物，肿瘤在大鼠身上更为常见，尽管有时在老年沙鼠上也诊断出一些肿瘤。

在大鼠中，乳腺肿瘤是最常见的肿瘤，因为乳腺组织散布全身。此肿瘤通常是良性纤维腺瘤，可以长得很大。垂体腺瘤也很常见，尤其是在雌性大鼠。此肿瘤的发生可能和高热量饮食有关。大颗粒淋巴细胞白血病是一种血癌，是老年大鼠常见的死亡原因。

> 技术要点 15.5：乳腺纤维腺瘤是雄性和雌性大鼠最常见的生殖肿瘤。

虽然沙鼠很少见肿瘤，但偶尔也能在年老动物发现肿瘤。腹香腺的鳞状细胞癌被认为是继发于皮肤或腺体的细菌感染。这些香腺肿瘤很少转移。脚和耳朵偶见鳞状细胞癌和黑色素瘤。

临床症状

- 乳腺纤维腺瘤会在皮肤下形成肿块，通常在皮肤下可自由移动，并可能溃烂（图15.5）。
- 垂体腺瘤通常分泌催乳素，引起乳腺改变，包括泌乳。这些肿瘤可能压迫大脑和脑干，导致脑积水和中枢神经系统症状，包括歪头、癫痫发作、瘫痪、转圈、共济失调、虚弱和瞳孔大小不等。
- 大鼠大颗粒淋巴细胞白血病导致白细胞增多、体重减轻、贫血、黄疸和嗜睡。还可见淋巴结肿大、脾肿大和肝肿大。
- 沙鼠腹香腺鳞状细胞癌会出现一个与腹香腺相关的溃疡性肿物。此肿物开始时可能因动物自身抓挠而表现为小的结痂样病变（图15.6）。

图15.5 大鼠乳腺纤维腺瘤（图片由Dan Johnson，DVM惠赠，www.avianandexotic.com）

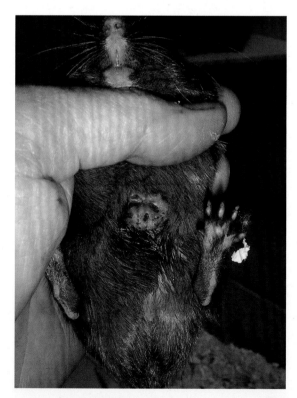

图15.6 沙鼠腹香腺肿瘤（图片由Dan Johnson，DVM惠赠，www.avianandexotic.com）

- 患有鳞状细胞癌或黑色素瘤的沙鼠，其脚或耳缘会出现溃疡或黑色肿物（图15.7）。

诊断

- 可通过触诊肿物或X线和其他影像技术诊断。
- 组织病理学将确诊肿瘤类型。

治疗

- 如果可能的话，理想的治疗是手术切除肿物。预后取决于肿物类型及是否转移（图15.8）。
- 当生活质量受到影响时，应考虑安乐死。

溃疡性脚皮炎、脚垫病

概述

　　大鼠、沙鼠和仓鼠的脚垫病是脚底面的炎症。该病由皮肤外伤继发，随着尿液、粪便和污染的垫料接触伤口而继发感染。尽管许多病原微生物与该病有关，但从这些伤口中分离出的最常见的病原微生物是金黄色葡萄球菌。不舒服的垫料或笼子

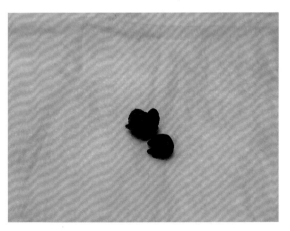

图15.7　从沙鼠后爪上切除的黑色素瘤（图片由Dan Johnson，DVM惠赠，www.avianandexotic.com）

地面、肥胖和遗传都是诱发因素。

临床症状

- 患有脚垫病的动物脚底面不健康，包括发炎、溃疡和脓肿。

诊断

- 临床症状、病史和体格检查足以确诊脚垫病。
- 微生物培养可以确诊病原。

治疗

- 脚应该浸泡在消毒剂中，局部使用抗生素软膏。

> **兽医技术人员职责 15.1**
>
> 泡脚是溃疡性脚皮炎动物康复的重要环节。兽医技术人员将负责这一工作，并使用局部抗生素软膏。

- 严重的病例可能需要口服抗生素和足部包扎。
- 患病动物应移到更舒适的垫料和坚实的地面，笼子地面应保持卫生。

血泪症或红泪

概述

　　血泪症是一种见于大鼠和沙鼠的疾病，由眼睛后部的哈德氏腺分泌的卟啉（色素）引起。这些色素因应激或疾病而释放。

临床症状

- 一种红色的色素释放到眼部，通过鼻泪管排出。

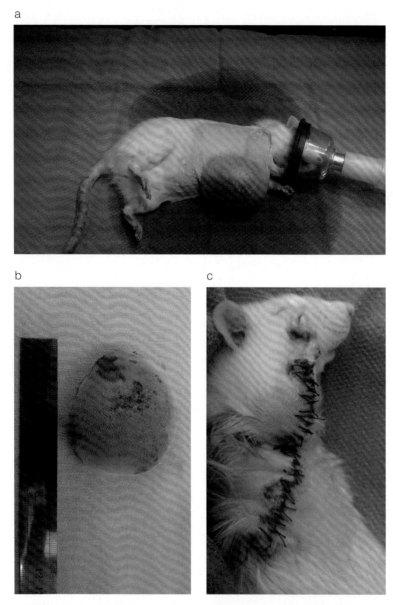

图15.8　a. 手术切除大鼠乳腺肿瘤。b. 切除的肿瘤。c. 术后缝合（图片由Hillary Price惠赠）

这会导致患病动物眼泪变红，眼睛和鼻子周围出现红色结痂（图15.9）。

- 这种色素通常与血液混淆，可能会引起动物主人的警觉。

诊断

- 临床症状、体格检查和病史将帮助诊断。

图15.9　大鼠的血泪症（图片由Dan Johnson，DVM惠赠，www.avianandexotic.com）

- 使用伍德氏灯可帮助区分卟啉与血液，因为卟啉在伍德氏灯下会发出荧光，而血液则不会。

治疗

- 无需治疗。

> 技术要点 15.6：血泪症不是一种需要治疗的疾病，但应对动物进行评估，找出潜在成因。

客户教育和技术人员建议

- 该症状通常是动物生病或应激的第一表现，应由兽医对动物进行检查以确定潜在成因。

小动脉性肾硬化或仓鼠肾病或肾衰竭

概述

仓鼠肾病是一种退行性肾脏疾病，见于老年仓鼠，是老年动物常见的死亡原因。该病在雌性更为常见，可能继发于病毒感染、高血压和衰老过程。

> 技术要点 15.7：肾功能衰竭是老年仓鼠常见的死亡原因。

临床症状

- 临床症状包括厌食、嗜睡、体重减轻和多饮多尿。
- 许多动物在没有临床症状的情况下会突然死亡。

诊断

- 根据临床症状和病史把肾病加入鉴别诊断列表。
- 血液检查将显示尿毒症和蛋白尿。尿液分析尿比重低。
- 尸检时肾脏的组织学变化将帮助确诊。

治疗

- 该病没有治疗方法。
- 如果动物生活质量下降，需要考虑安乐死。

淋巴细胞性脉络丛脑膜炎病毒

概述

淋巴细胞性脉络丛脑膜炎病毒（LCMV，lymphocytic choriomeningitis virus）是一种见于仓鼠的人畜共患病，由一种沙粒病毒引起。该病毒感染的自然宿主是野生老鼠，但可传播给仓鼠。仓鼠通常是亚临床携带者，在人类中引起流感样疾病。这种病毒可能与孕妇流产有关，严重免疫功能受损的人可能会出现致命的脑炎/脑膜炎。

技术要点 15.8：LCMV是一种人畜共患疾病，与流感样疾病、流产以及罕见的脑膜炎和脑炎有关。在免疫功能严重受损的人群中，该病毒可能致命。

传播

- 该病通过唾液、咬伤或接触尿液、粪便或受感染的组织而从动物传染给人。
- 持续感染的仓鼠会在尿液中排出大量病毒。

临床症状

- 仓鼠几乎都是亚临床携带者。
- 仓鼠表现为慢性消耗性疾病，症状包括厌食、体重减轻、癫痫和雌性繁殖能力下降。

诊断

- 通过病理学和血清ELISA抗体检测以确诊。

治疗

- 动物不需要治疗，因其无临床症状。因存在人畜共患病的风险，已知的阳性个体应该被安乐死。

客户教育和技术人员建议

- 卫生措施、良好的个人卫生和限制接触野生个体是预防该病的关键。

沙鼠癫痫样发作

概述

由于应激、操作或新的环境，沙鼠可能出现自发性癫痫。

临床症状

- 少数病例中，沙鼠可能出现昏睡和无反应，可能出现肌肉抽搐或癫痫。
- 此类癫痫发作通常很短暂，最多只持续几分钟。

诊断

- 根据临床症状和病史可以作出诊断。

治疗

- 通常不需治疗，因为沙鼠会自行恢复。
- 严重的情况下可尝试使用抗癫痫药物，但应谨慎使用。

客户教育和技术人员建议

- 经常操作动物，特别是幼年动物，将减轻与操作相关的应激。

沙鼠尾滑脱或脱套伤

概述

沙鼠的尾滑脱是尾的脱套伤，最常见的原因是保定不当。其他原因可能包括和笼内其他个体打架或尾巴被笼子卡伤。沙鼠皮肤和尾巴之间的结缔组织很少，这使得此类损伤很常见。

> 技术要点 15.9：为了避免脱套伤，沙鼠绝不能通过抓尾巴的方式进行保定。

临床症状

- 尾部皮肤脱套，暴露肌肉、神经和椎骨（图15.10）。

图15.10　八齿鼠（沙鼠的近亲）尾巴脱套伤（图片由Dan Johnson，DVM惠赠，www.avianandexotic.com）

诊断

- 可根据临床症状作出诊断。

治疗

- 该损伤会引起疼痛，可能导致自残和感染。因此，受伤动物应断尾，缝合皮肤。
- 镇痛药将帮助动物在受伤和术后缓解疼痛。

参考阅读

[1] "Common Cancers and Tumors in Rats." Accessed February 26, 2013. http://www.petmd.com/exotic/conditions/cancer/c_ex_rt_cancers_tumors.

[2] Cope, Eddie. "Neoplasia in Gerbils." EGerbil. Accessed February 26, 2013. http://www.egerbil.com/neo- plasia.html.

[3] Hrapkiewicz, Karen, DVM, MS, DACLAM, and Leticia Medina, DVM, DACLAM. Clinical Laboratory Animal Medicine: An Introduction. Ames, IA: Blackwell, 2007.

[4] Kahn, Cynthia M. "Diseases of Hamsters, Gerbils, and Rats." In The Merck Veterinary Manual. Whitehouse Station, NJ: Merck, 2005.

英（拉）汉词汇对照表

abdominocentesis　腹腔穿刺

absolute erythrocytosis　对红细胞增多症

acetylcholine receptors　乙酰胆碱受体

acquired paralysis（esophageal）　获得性麻痹（食道）

activated clotting time（ACT）　活化凝血时间（ACT）

activated partial thromboplastin time（APTT）　活化部分凝血活酶时间（APTT）

acute moist dermatitis　急性湿性皮炎

Addison's disease　艾迪生综合征

adenocarcinoma　腺癌

adenoma　腺瘤

adenoviridae/adenovirus　腺病毒科/腺病毒

adipocytes　脂肪细胞

adrenal disease（ferret）　肾上腺疾病（雪貂）

adrenal glands　肾上腺

adrenal hyperplasia　肾上腺增生

adrenal tumor　肾上腺肿瘤

adrenocorticotropic hormone（ACTH）　促肾上腺皮质激素（ACTH）

aldosterone　醛固酮

amelanotic　无黑色素的

ammonia　氨

amputation　截肢

amyloidosis　淀粉样变性

anaphylaxis　过敏性反应

anastomosis　吻合术

anemia　贫血

Anoplura order　虱目

anterior cruciate ligament rupture　前十字韧带断裂

anterior uveitis　前葡萄膜炎

antibiotic-associated enterotoxemia　抗生素相关性肠毒血症

anticholinergic drugs　抗胆碱药

antidiuretic hormone（ADH）　抗利尿激素（ADH）

aqueous humor/aqueous fluid　眼房水/房水

Arenavirus　沙粒病毒

arteriolar nephrosclerosis　小动脉性肾硬化

arthralgia　关节疼痛

arthrocentesis　关节穿刺

arthrodesis　关节固定术

ascending bacterial infection　上行性细菌感染

ascending paralysis　上行性麻痹

ascites　腹水

aspiration pneumonia　吸入性肺炎

atopy　异位性

auricular hematoma　耳血肿

autodigestion　自体消化

autoimmune　自体免疫

azotemia　氮质血症

bacterial cystitis　细菌性膀胱炎

bacterial folliculitis see pyoderma　细菌性毛囊炎 也作脓皮病

bacterial translocation　细菌易位

bacterin　疫苗

barium　钡

benign prostatic hyperplasia　良性前列腺增生

bladder sludge　膀胱泥沙

bloat　膨胀

blocked tom　公猫泌尿道堵塞

blood transfusion　输血

blue eye　蓝眼

blupthalmia　蓝眼症

bone fractures　骨折

Bordetella　博德特菌属

B. bronchiseptica　支气管败血性博德特氏杆菌

botfly larvae　马蝇幼虫

brucellosis　布氏杆菌病

bruxism　磨牙症

buccal mucosal bleeding time（BMBT）　口腔黏膜出血时间（BMBT）

bumblefoot　脚垫病

bunny hop lameness　兔子跳

Caliciviridae/calicivirus　杯状病毒科/杯状病毒

Calliphoridae family　丽蝇科

Campylobacter jejuni　空肠弯曲杆菌

canine adenovirus（CAV）see Adenoviridae/adenovirus　犬腺病毒（CAV）也作腺病毒科/腺病毒

canine distemper virus see distemper virus　犬瘟热病毒 也作瘟热病毒

canine infectious tracheobronchitis see Adenoviridae/adenovirus　犬传染性气管支气管炎 也作 腺病毒科/腺病毒

canine influenza virus（CIV）　犬流感病毒（CIV）

carrier　携带者

cataracts　白内障

cavian cytomegalovirus（CMV）　豚鼠巨细胞病毒（CMV）

cavian leukemia/lymphosarcoma　豚鼠白血病/淋巴肉瘤

cervical lymphadenitis　颈部淋巴结炎

cesarean section（c-section）　剖腹产术（剖宫产）

cheek teeth　磨牙

chemical ablation　化学消融

chemosis 结膜水肿

cherry eye 樱桃眼

chlamydia see Chlamydophila felis 衣原体 也作猫披衣菌

Chlamydophila felis 猫披衣菌

cholangiohepatitis 胆管肝炎

cholestasis 胆汁淤积

chromodacryorrhea 血泪症

chronic active hepatitis 慢性活动性肝炎

chronic hypertrophic gastropathy see pyloric stenosis 慢性肥厚性胃病 也作幽门狭窄

chronic kidney disease see chronic renal failure 慢性肾病 也作慢性肾功能衰竭

chronic renal failure/disease 慢性肾衰/病

chronic superficial keratitis see pannus 慢性浅表性角膜炎 也作血管翳

chyle 乳糜

chylothorax 乳糜胸

cigar mite see demodex 雪茄螨 也作蠕形螨

cirrhosis 肝硬化

clostridial enteropathy see antibiotic-associated 梭菌性肠病 也作抗生素相关性肠病

enterotoxemia 肠毒血症

Clostridium 梭菌属

C. piliforme 梭状杆菌

colonic stasis 结肠迟缓

congestive heart failure 充血性心衰

conjunctivitis 结膜炎

constipation 便秘

contagious infectious disease 接触性传染性疾病

Coombs test 库姆斯试验

coprophagia 食粪癖

corneal edema 角膜水肿

corneal ulceration 角膜溃疡

Coronaviridae/coronavirus 冠状病毒科/冠状病毒

cortisol 皮质醇

Corynebacterium spp. 棒状杆菌属

cranial cruciate ligament disease/rupture see anterior 前十字带疾病/断裂

cruciate ligament rupture 十字韧带断裂

crepitus 捻发音

cryotherapy/cryosurgery 冷冻疗法/冷冻手术

cryptorchidism 隐睾症

Ctenocephalides spp. 栉首蚤属

Cushing's disease 库欣综合征

Cuterebra spp. 黄蝇属

cystocentesis 膀胱穿刺

cystotomy 膀胱切开术

degenerative joint disease 退行性关节疾病

Demodex spp. 蠕形螨属

dental prophylaxis 牙病预防

dermatophyte 皮肤真菌

dermatophyte test media（DTM） 皮肤真菌试验培养基（DTM）

dermatophytosis 皮肤真菌病

diabetes insipidus（DI） 尿崩症（DI）

diabetes ketoacidosis（DKA） 糖尿病酮症酸中毒（DKA）

diabetes mellitus（DM） 糖尿病（DM）

disseminated intravascular coagulopathy（DIC） 弥散性血管内凝血病（DIC）

distemper 犬瘟热

drawer sign 抽屉运动

dry eye see keratoconjunctivitis sicca 干眼症 也作结膜炎

dystocia 难产

early enteral nutrition（EEN） 早期肠内营养（EEN）

ear mites 耳螨

ectropion 眼睑外翻

effusion 积液

Elizabethan collar（E-collar） 伊丽莎白圈（E-collar）

embryonic aortic arch 胚胎主动脉弓

enamel hypoplasia 牙釉质发育不良

endoscopy 内镜检查

endotoxemia 内毒素血症

enema 灌肠剂

enterotoxins 肠毒素

entropion 眼睑内翻

enucleation 摘除术

epidermal inclusion cyst see sebaceous cyst 表皮包涵囊肿 也作皮脂腺囊肿

Epidermophyton spp. 表皮癣菌属

epilepticform seizures 癫痫样发作

epiphora 泪溢

epizootic catarrhal enteritis 流行性卡他性肠炎

epulis 牙龈瘤

erythropoiesis 红细胞生成

erythropoietin（EPO） 促红细胞生成素（EPO）

Escherichia coli（E. coli） 大肠杆菌（E. coli）

esophageal hypomotility see megaesophagus 食管运动减弱 也作巨食道症

esophagitis 食管炎

esophagoscopy 食道镜

estrogen 雌激素

estrogen toxicity 雌激素中毒

exocrine pancreatic insufficiency（EPI） 胰腺外分泌不足（EPI）

exploratory laparotomy 开腹探查

extracapsular suture stabilization 囊外缝合固定术

exudate 渗出液

facultative myiasis producing flies 产生苍蝇的兼性蝇蛆病

fatty liver disease see hepatic lipidosis 脂肪肝 也作肝脏脂质沉积

feline acne 猫痤疮

feline AIDS see feline immunodeficiency virus 猫艾滋病 也作猫免疫缺陷病毒

feline aortic thromboembolism（FATE） 猫动脉血栓栓塞（FATE）

feline distemper see panleukopenia 猫瘟 也作猫泛白细胞减少症

feline herpes virus type 1（FHV-1）see feline viral rhinotracheitis 猫疱疹病毒1型（FHV-1）也作猫病毒鼻气管炎

feline idiopathic cystitis 猫特发性膀胱炎

feline immunodeficiency virus（FIV） 猫免疫缺陷病毒（FIV）

feline infectious enteritis see panleukopenia 猫传染性肠炎 也作猫泛白细胞减少症

feline infectious peritonitis（FIP） 猫传染性腹膜炎（FIP）

feline 猫

ferret 雪貂

feline interstitial cystitis（FIC） 猫间质性膀胱炎（FIC）

feline leukemia virus（FeLV） 猫白血病病毒（FeLV）

feline lower urinary tract disease 猫下泌尿道疾病

feline parvovirus see panleukopenia 猫细小病毒 也作猫泛白细胞减少症

feline saddle thrombus see feline aortic thromboembolism 猫马鞍形血栓 也作猫主动脉血栓栓塞

feline upper respiratory tract disease（FLUTD） 猫上呼吸道疾病（FLUTD）

feline viral rhinotracheitis（FVR） 猫病毒性鼻气管炎（FVR）

feminization of the male dog 雄犬雌性化

femoral head osteotomy（FHO） 股骨头截骨术（FHO）

ferret FIP see ferret systemic coronavirus 雪貂FIP 也作雪貂全身性冠状病毒感染

ferret systemic coronavirus 雪貂全身性冠状病毒感染

fibrinolysis 纤维蛋白溶解

fibroadenoma 纤维腺瘤

fibrosarcoma 纤维肉瘤

flea 跳蚤

flea allergy dermatitis（FAD） 跳蚤过敏性皮炎（FAD）

fluorescein eye stain 眼睛荧光素染色

fluoroscopy X线透视

food allergy 食物过敏

food elimination diet 食物排除疗法

foreign bodies 异物

ferret 雪貂

gastrointestinal 胃肠道

gammopathies 免疫球蛋白增殖病

gastric dilatation and volvulus（GDV） 胃扩张和肠扭转（GDV）

gastric distension 胃胀

gastric perforation 胃穿孔

gastric retention 胃潴留

gastric stasis 胃迟缓

gastric tympany 胃鼓胀

gastric ulcers 胃溃疡

gastritis（acute） 胃炎（急性）

gastroesophageal reflux 胃食道反流

gastrointestinal obstructions 胃肠道梗阻

gastropexy 胃固定术

gingivitis 牙龈炎

glaucoma 青光眼

glucosuria 尿糖

gonadotropin-releasing hormone（GNRH） 促性腺激素释放激素（GNRH）

green slime diarrhea 绿色黏液腹泻

growing pains 发育疼痛

hairball 毛球

harderian gland 哈德氏腺

hard pad disease see distemper（canine） 硬脚垫病 也作犬瘟热（犬）

head tilt 头部倾斜

heat stroke 中暑

hemangiosarcoma 血管内皮瘤

hemimandibulectomy 偏侧下颌骨切除术

hemimaxillectomy 半上颌骨切除术

hemophilia 血友病

hepatic lipidosis 脂肪肝

hepatoencephalopathy 肝脑病

herpes virus 疱疹病毒

hiatal hernia 食管裂孔疝

high-dose dexamethasone suppression test（HDDS） 高剂量地塞米松抑制试验（HDDS）

hip dysplasia 髋关节发育不良

histamine 组胺

histiocytoma（cutaneous） 组织细胞瘤（皮肤）

hot spots see acute moist dermatitis 红斑 也作急性湿性皮炎

human diploid cell vaccine 人类二倍体细胞疫苗

hydronephrosis 肾盂积水

hyperadrenocorticism 肾上腺皮质亢进

hyperkeratinization 角化过度

hyperkeratosis 角化过度

hyperlipidemia 高脂血症

hyperpigmentation 色素沉着

hypersalivation 唾液分泌过多

hypertension 高血压

hyperthermia 中暑

hyperthyroidism 甲状腺功能亢进

hypertrophic cardiomyopathy 肥厚性心肌病

hyperviscosity syndrome 高黏滞综合征

hyphema　眼前房出血

hypoadrenocorticism　肾上腺皮质功能减退

hypoproteinemia　低蛋白血症

hypotension　低血压

hypothalamus　下丘脑

hypothyroidism　甲状腺功能减退

hypovolemic shock　低血容量性休克

hypoxia　低氧

icterus　黄疸

idiopathic acinar cell atrophy　特发性腺泡细胞萎缩

idiopathic hyperlipidemia　原发性高脂血症

idiopathic thrombocytopenia　特发性血小板减少症

ileus　肠梗阻

immune-mediated conditions　免疫介导条件

immune-mediated hemolytic anemia（IMHA）　免疫介导性溶血性贫血（IMHA）

immunoglobulin　免疫球蛋白

immunosuppression　免疫抑制

incisors　切齿

infectious canine hepatitis（ICH）　犬传染性肝炎（ICH）

inflammatory bowel disease　炎性肠病

influenza　流感

insulin　胰岛素

insulinoma　胰岛素瘤

interstitial cell tumor　间质细胞瘤

intervertebral disk disease（IVDD）　椎间盘疾病（IVDD）

intestinal perforation　肠穿孔

intestinal plication　肠道褶皱

intradermal allergy testing　皮内过敏试验

intraocular pressure（IOP）　眼内压（IOP）

intussusception　肠套叠

iridocyclitis see anterior uveitis　虹膜睫状体炎 也作前葡萄膜炎

ischemia　局部缺血

Ixodida order　真蜱目

kennel cough　犬窝咳

keratoconjunctivitis sicca（KCS）　干性角膜结膜炎（KCS）

ketones　酮体

ketonuria　酮尿

Klebsiella spp.　克雷伯氏菌属

lactulose　乳果糖

laminectomy　椎板切除术

Langerhans cells　朗格汉斯细胞

large granular lymphocytic leukemia　大颗粒淋巴细胞性白血病

Lawsonia intracellularis　胞内劳森氏菌

leiomyosarcoma　平滑肌肉瘤

Lentivirus　慢病毒

Leptospira interrogans　肾脏钩端螺旋体

leptospirosis　钩端螺旋体病

leukemoid reaction　白血病样反应

Leydig cell tumor　间质细胞瘤

lice　虱子

linear foreign body　线性异物

lipoma　脂肪瘤

low-dose dexamethasone suppression test（LDDS）　低剂量地塞米松抑制试验（LDDS）

lower esophageal sphincter　食管下端括约肌

lumps see cervical lymphadenitis　肿块 也作颈部淋巴结炎

lymphocytic choriomeningitis virus　淋巴细胞性脉络丛脑膜炎病毒

lymphocytic thyroiditis　淋巴细胞性甲状腺炎

lymphoma/lymphosarcoma　淋巴瘤/淋巴肉瘤

l-lysine　赖氨酸

Lyssavirus　狂犬病毒属

maggots　蛆虫

Malassezia pachydermatitis　厚皮马拉色菌

Mallophaga order　食毛目

malocclusion　咬合不正

mandibulectomy　下颌骨切除术

mast cell tumors　肥大细胞瘤

mastitis　乳腺炎

maxillectomy　上颌骨切除术

mechanical vector（definition）　机械性媒介（定义）

megacolon　巨结肠

megaesophagus　巨食道

melanocytes　黑色素细胞

melanocytoma　黑色素细胞瘤

melanoma　黑素瘤

melatonin　褪黑素

melena　黑粪症

menace reflex　威吓反射

methimazole　甲巯咪唑

Microsporum spp.　小孢子菌属

miosis　瞳孔缩小

molars（anterior）　磨齿（前）

Morbillivirus　麻疹病毒

mucocele see sialocele　黏液囊肿 也作涎腺囊肿

multiple myeloma　多发性骨髓瘤

myasthenia gravis　重症肌无力

Mycoplasma　支原体

mydriasis　瞳孔扩大

myelogram　脊髓造影

myiasis　蝇蛆病

negri body　内基小体

neoplasia　肿瘤

nephrectomy　肾切除术

nephrosis　肾病

nictitating membrane　瞬膜

nidus　病灶

non-steroidal anti-inflammatory　非甾体类抗炎药

non-suppurative　非化脓性

nuclear portography　门静脉放射造影

nuclear scintigraphy　核素显像

nuclear sclerosis　晶状体核硬化

obstipation　便秘

old dog encephalopathy　老年犬脑病

oncorna virus　致癌RNA病毒

oocysts　卵囊

open-rooted teeth　牙根外露

ophthalmoscopy　检眼镜检查

orchiectomy　睾丸切除术

osteoarthritis　骨关节炎

osteochondritis dissecans（OCD）　剥脱性骨软骨炎（OCD）

osteolysis　骨质溶解

osteoporosis　骨质疏松症

osteosarcoma（OSA）　骨肉瘤（OSA）

otitis　中耳炎

Otodectes cynotis　耳螨

ovariohysterectomy　卵巢子宫切除术

pancreatic beta cell tumor　胰腺β细胞瘤

pancreatic hypoplasia　胰腺发育不全

pancreatic lipase　胰脂肪酶

pancreatic maldigestion see pancreatic exocrine insufficiency　胰腺消化不良 也作胰腺外分泌不足

pancreatic nodular hyperplasia　胰腺结节增生

pancreatitis　胰腺炎

panleukopenia　泛白细胞减少症

pannus　血管翳

panosteitis（Pano）　全骨炎（全景）

papilloma　乳头状瘤

Papovaviridae　乳多空病毒科

parainfluenza virus　副流感病毒

Paramyxoviridae/paramyxovirus　副黏液病毒科/副黏病毒

parathyroid gland　甲状旁腺

Parvoviridae/parvovirus　细小病毒科/细小病毒

Pasteurella　巴氏杆菌

P. multocida　多杀性巴氏杆菌

patellar luxation　髌骨脱位

pathological fracture　病理性骨折

pectineal myotenectomy　耻骨肌腱切除术

pediculosis　虱病

pelvic strictures　骨盆狭窄

perineal urethrostomy　会阴尿道造口术

periodontal disease　牙周病

periodontitis see periodontal disease　牙周炎 也作牙周病

peritonitis　腹膜炎

persistent right aortic arch　持久性右主动脉弓

pica　异食癖

pink eye see conjunctivitis　红眼病 也作结膜炎

pituitary dependent hyperadrenocorticism　垂体依赖性肾上腺皮质功能亢进

pituitary gland　脑垂体

plasma cell tumor see multiple myeloma　浆细胞瘤 也作多发性骨髓瘤

pododermatitis　脚皮炎

polycythemia　红细胞增多症

polycythemia vera　真性红细胞增多症

porphyrins　卟啉

portal caval shunt see portal systemic shunt　门体静脉短路 又作门静脉短路

portal hypertension　门脉高压

portal systemic shunt　门体静脉短路

portal vein　门静脉

post-exposure prophylaxis　接触后预防

premolars　前磨齿

primary immune mediated thrombocytopenia　原发性免疫介导性血小板减少症

probiotic therapy　益生菌疗法

progesterone　孕酮

progressive retinal atrophy　进行性视网膜萎缩

progressive retinal degeneration see progressive　进行性视网膜变性 也作进行性

proliferative enteritis　增生性肠炎

proliferative ileitis see proliferative enteritis　增生性回肠炎 也作增生性肠炎

prostate disease　前列腺疾病

prostate gland　前列腺

protein induced vitamin K absence（antagonism）　蛋白引起的维生素K缺乏（拮抗）

prothrombin time　凝血酶原时间

protolytic enzymes　蛋白水解酶

protozoan　原虫

Pseudomonas aerogenosa　铜绿假单胞菌

pseudopregnancies　假孕

pulmonary thromboemboli　肺血栓栓塞

puppy warts see papilloma　幼犬皮肤疣 也作乳头状瘤

pyelogram　肾盂造影

pyelonephritis　肾盂肾炎

pyloric stenosis　幽门狭窄

pylormyotomy　膈肌损伤

pyloroplasty　幽门成形术

pyoderma　脓皮病

pyogranuloma　化脓性肉芽肿

pyometra　子宫蓄脓

rabies　狂犬病

rabies immunoglobulin　狂犬病免疫球蛋白

radioactive iodine（^{131}I）　放射性碘（^{131}I）

red tears see chromodacryorrhea　红泪 也作血泪症

regurgitation　反流

renal failure　肾功能衰竭

renal pelvis　肾盂

respiratory infections　呼吸道感染

Retroviridae/retrovirus　逆转录病毒科/逆转录病毒

Rhabdoviridae/rhabdovirus　弹状病毒科/弹状病毒

ringworm　癣

rodenticide toxicity　灭鼠剂毒性

salivary gland cyst　唾液腺囊肿

sarcoptes mites　疥螨属

Sarcoptes scabiei var canis　犬疥螨

sarcoptic mange see sarcoptes mites　疥螨属 也作疥螨

scabies see sarcoptes mites　疥疮 也作疥螨

Schirmer tear test　泪液测试

scurvy　坏血病（维生素C缺乏病）

sebaceous cyst　皮脂腺囊肿

seborrhea　皮脂溢

self-trauma　自我损伤

seminoma　精原细胞瘤

Sendai virus　仙台病毒

septicemia　败血症

septic shock　败血性休克

serological allergy testing　血清学过敏试验

sertoli cell tumor　支持细胞瘤

sialocele　涎腺囊肿

skipping lameness　跳跃跛行

slobbers　流涎

snake venom　蛇毒

soft eye　软眼

sore hock　跗关节痛

spirochete bacteria　螺旋体细菌

splenectomy　脾切除

squamous cell carcinoma　鳞状细胞癌

Staphylococcus　葡萄球菌

S. aureus　金黄色葡萄球菌

S. intermedius　中间型葡萄球菌

stomach tube　胃管

stomatitis　口腔炎

Streptococcus　链球菌

S. pneumoniae　肺炎链球菌

S. zooepidemicus　兽疫链球菌

sugar diabetes see diabetes mellitus　糖尿病

superficial keratectomy　表面角膜切除术

suppurative　化脓性

synovitis　滑膜炎

tail degloving　尾巴撕脱伤

tail slip see tail degloving　尾滑脱 又作脱套伤

tenesmus　里急后重

Tensilon test　依酚氯铵试验

testicular disease　睾丸疾病

testosterone　睾酮

third eyelid prolapse see cherry eye　第三眼睑下垂 又作樱桃眼

thoracocentesis　胸腔穿刺

thoracolumbar kyphosis　胸腰椎驼背

thromboemboli　血栓栓塞

thrombosis　血栓

thyroidectomy　甲状腺切除术

thyroid gland　甲状腺

thyroid-stimulating hormone（TSH）　促甲状腺激素（TSH）

thyroxine（T4）　甲状腺素（T4）

tibial plateau leveling osteotomy（TPLO）　胫骨平台水平矫形术（TPLO）

tibial tuberosity advancement（TTA）　胫骨粗隆前移（TTA）

tick paralysis　蜱瘫痪

ticks　蜱虫

tightrope technique　钢丝固定技术

tiptoeing　垫着脚尖

tonometer/tonometry　眼压计/眼压测量

total hip replacement（THR）　全髋关节置换术（THR）

Toxoplasma gondii　刚地弓形虫

toxoplasmosis　弓形虫病

traumatic dermatitis see hot spots　创伤性皮炎 又作湿疹

trichobezoar　毛粪石

Trichophyton spp.　毛癣菌属

triiodothyronine（T3）　三碘甲状腺原氨酸（T3）

triple pelvic osteotomy（TPO）　骨盆三联截骨术（TPO）

trypsin like immunoreactivity test（TLI）　胰蛋白酶样免疫反应试验（TLI）

Tyzzer's disease　泰泽氏病

ulcerations　溃疡

ulcerative pododermatitis　溃疡性脚皮炎

unapparent infection（definition）　隐性感染（定义）

uremia/uremic poisoning　尿毒症/尿毒症中毒

urinary calculi　尿道结石

urinary obstruction　尿道梗阻

urinary stones see uroliths　尿道结石 又作尿石

urinary tract infection　尿道感染

urine retention　尿潴留

urolithiasis　尿石症

uterine inertia　宫缩无力

vaginitis　阴道炎

vaginoscopy　阴道镜检查

vascular ring anomaly see persistent right aortic arch　血管环异常 又作持续性右主动脉弓

virulent systemic-feline calicivirus（VS-FCV）　猫强毒性全身性杯状病毒感染（VS-FCV）

vitamin C　维生素C

vitamin C deficiency see scurvy　维生素C缺乏病　又作坏血病

vitamin K　维生素K

von willebrand's disease　冯·威利布兰德病

vulvoplasty　外阴成形术

warbles　牛皮蝇蛆

water deprivation test　限水试验

watery diabetes see diabetes insipidus　水性多尿症 又作尿崩症

weak diabetes see diabetes insipidus　轻度多尿症 又作尿崩症

wet tail　湿尾

Wood's lamp　伍德氏灯

yeast infections　酵母菌感染

zoonotic disease　人畜共患病